材料力学基础与创新实验

李顺才　蔡瑜玮　卓士创　姜海波　编著

科 学 出 版 社

北 京

内 容 简 介

本书以材料力学实验为研究对象，全书由 5 篇构成。第 1 篇为材料力学基本理论概述，介绍四种基本变形理论、平面应力状态理论、组合变形及强度理论、压杆稳定理论；第 2 篇为电阻应变测量法简介，介绍电阻应变片和测量电桥的工作原理及工作特性、电桥接线方法、测量电桥的应用；第 3 篇为实验设备及实验数据处理方法，介绍本书实验中主要用到的实验设备的结构功能及操作方法、数据统计方法、最小二乘法、线性回归方法等；第 4 篇为实验实践，主要介绍金属材料的拉伸实验、压缩实验、弹性模量的测试、扭转实验、纯弯曲梁正应力实验以及电阻应变片的粘贴、弯扭组合变形、压杆稳定、偏心拉杆极值应力电测法、拉扭组合、同材料或不同材料的叠合梁实验，以及不同加载速率、加载路径下金属的拉伸、拉扭力学性能测试、简支梁的低阶固有频率及振型测试、压力水塔及斜拉索基频测试、煤岩体单轴压缩的声发射等实验；第 5 篇为 ANSYS 数值模拟及其与实验结果的对比，简单介绍了 ANSYS 软件，给出用 ANSYS 软件模拟偏心拉杆的极值应力、矩形截面压杆临界载荷、压力水塔横向振动频率、不同加载速率下铸铁拉扭的力学性能、不同截面形状杆件的扭转变形 5 个算例，并将数值模拟结果与理论值、实验值进行比较。

本书利用现代教育技术和互联网信息技术，将部分学生难以理解的重点难点知识制作成微课视频等，通过二维码技术实现数字资源与纸质教材的融合，便于学生预习和复习使用。

本书是与高等院校工科专业本科生"材料力学或工程力学"课程教科书配套使用的实验教材，书中力学量符号的表示方法与刘鸿文编写的《材料力学》教材一致。本书可供广大科技工作者和高等院校师生参考。

图书在版编目 (CIP) 数据

材料力学基础与创新实验/李顺才等编著. —北京：科学出版社，2017.12

ISBN 978-7-03-055077-4

Ⅰ.①材… Ⅱ.①李… Ⅲ.①材料力学-实验-教材 Ⅳ.①TB301-33

中国版本图书馆 CIP 数据核字（2017）第 269037 号

责任编辑：邓 静 张丽花 / 责任校对：郭瑞芝
责任印制：吴兆东 / 封面设计：迷底书装

科 学 出 版 社 出版
北京东黄城根北街 16 号
邮政编码：100717
http://www.sciencep.com

北京虎彩文化传播有限公司 印刷
科学出版社发行 各地新华书店经销
*

2017 年 12 月第 一 版　　开本：787×1092　1/16
2018 年 6 月第二次印刷　　印张：15
字数：380 000

定价：39.00 元
（如有印装质量问题，我社负责调换）

前　言

材料力学是工科院校一门重要的专业基础课，课程内容与工程实际结合紧密，实验设备和方法与工程测试相同，实用性很强。材料力学实验教学作为材料力学课程教学的重要组成部分，可以使学生学到力学实验的基础知识、基本技能和基本方法，对学生巩固基础理论、强化基本操作技能，培养学生分析工程问题的能力及全面提高综合素质有着不可替代的作用。

开展实验课程的创新教学研究是工科院校适应高等教育改革需要的举措之一。材料力学实验教材建设是实验课程建设的基础，实验教材的编写应该突出材料力学实验课程的特点和要求。材料力学实验课的课时一般较少，因而教师讲授较少，学生主要通过实验教材进行预习，并在教师指导下完成实验项目，这突显了实验教材在实验教学中的作用。目前，绝大部分材料力学实验教材内容局限于学校的实验设备和项目，扩展性、启发性和创新性不够，缺少让学生自由发挥的空间，不利于学生实践能力和创造性思维能力的培养。因此，开展材料力学基础及创新实验方面的教材建设很有必要。

本书总结作者多年来材料力学教学及科研经验，内容包括六部分：材料力学基本理论概述、电阻应变测量法简介、实验设备及实验数据处理方法、基础性实验、创新设计性实验、ANSYS 数值模拟及其与实验结果的对比等。实验老师基于本书可以开发一些实验项目作为学生的毕业设计或进行与材料力学相关的科研工作，还可以基于生产实际或工程需要开展实验研究。学生根据本书可以提前预习。

本书既是实验指导书又包含实验报告，基础性实验与常规材料力学实验教材内容类似，但创新设计性实验很有特色：①设计性实验项目多，对弯扭组合实验、拉扭组合实验、叠合梁实验、偏心拉杆、压杆稳定、声发射实验、梁的固有频率及振型实验、压力水塔及桥梁斜拉索基频测试等都有介绍；②实验指导过程详细，理论推导具体，便于学生学习理论并与实验对比；③介绍所用设备的操作步骤及设备的各个功能，并给出数值模拟与实验及理论的对比。

本书特色及创新体现在如下方面：

（1）有些创新实验既有理论推导，又有详细的实验步骤，还有数值模拟过程，使学生对所做实验能够融会贯通、举一反三，既掌握理论知识点，又可以动手实验，还可以在大二开始接触比较热门的 ANSYS 应用软件，如果理论、实验与数值模拟结果三者吻合，则实验很成功，显著激发了学生的求知欲。

（2）把教学与科研实验有机结合，使学生学习本书能掌握基本实验的操作，并开发新实验，提高学生的创新能力。

（3）同一实验采用多种实验方案，例如，弹性模量及泊松比的测试分别采用双向引伸计法、电测法、引伸仪等；再如，电测法实验的桥路设计，分别列举四分之一桥、半桥、全桥等方案，真正使学生弄懂实验原理，做到触类旁通、举一反三。

（4）数值模拟部分给出了详细的操作步骤，大一及大二没有数值模拟基础的学生可以根据操作步骤提前学习该软件，并接触到其工程应用。

本书第 1 篇、第 2 篇、第 5 篇由李顺才编写；第 3 篇由李顺才、蔡瑜玮编写；第 4 篇基础性实验主要由蔡瑜玮编写，创新设计实验主要由李顺才编写，卓士创完成振动实验的编写；姜海波参与了本书数值模拟部分的工作。本书由李顺才审核。

本书的写作和出版得到了国家自然科学基金项目(编号：51574228)、2015 年江苏省高等教育教改研究课题(编号：2015JSJG621)、江苏师范大学教材出版基金(编号：JYJC201716)的资助。

本书得到江苏师范大学江苏圣理工学院、机电学院、物电学院及中国矿业大学深部岩土力学与地下工程国家重点实验室等单位的大力支持和协作，在此深表感谢。

在本书编写过程中，参阅了众多国内外公开出版的教材、网上发行的相关资料以及关于ANSYS 软件使用的相关书籍，特此说明，并向原作者表示衷心感谢。尤其感谢邓宗白教授编写的《材料力学实验与训练》，其中应变电测法介绍非常详细，作者学习后获益匪浅，并在书中多次借鉴。

由于作者水平有限，若书中有疏漏之处，敬请同行专家和广大读者批评指正。

编　者

2017 年 7 月

目　　录

第 1 篇　材料力学基本理论概述

第 1 章　四种基本变形理论 ……………………………………………………… 1
　　1.1　轴向拉伸与压缩 ……………………………………………………… 1
　　1.2　剪切与挤压 …………………………………………………………… 2
　　1.3　扭转 …………………………………………………………………… 3
　　1.4　弯曲 …………………………………………………………………… 7

第 2 章　平面应力状态理论 …………………………………………………… 13
　　2.1　斜截面上的应力计算 ………………………………………………… 13
　　2.2　主应力与主方向 ……………………………………………………… 14

第 3 章　组合变形及强度理论 ………………………………………………… 18
　　3.1　四种常用的强度理论 ………………………………………………… 18
　　3.2　弯拉(压)组合 ………………………………………………………… 21
　　3.3　弯扭组合 ……………………………………………………………… 21

第 4 章　压杆稳定理论 ………………………………………………………… 23
　　4.1　压杆临界应力的计算公式 …………………………………………… 23
　　4.2　临界应力总图 ………………………………………………………… 24

第 2 篇　电阻应变测量法简介

第 5 章　电阻应变片的工作原理及特性 ……………………………………… 25
　　5.1　电阻应变片的工作原理 ……………………………………………… 25
　　5.2　电阻应变片的结构与分类 …………………………………………… 26
　　5.3　电阻应变片的主要工作特性 ………………………………………… 28

第 6 章　测量电桥的工作原理及特性 ………………………………………… 30
　　6.1　测量电桥的工作原理 ………………………………………………… 30
　　6.2　温度补偿 ……………………………………………………………… 31

第 7 章　电阻应变片在电桥中的接线方法 …………………………………… 33
　　7.1　半桥测量接线法 ……………………………………………………… 33
　　7.2　全桥测量接线法 ……………………………………………………… 34
　　7.3　串联和并联测量接线法 ……………………………………………… 35
　　7.4　应力应变测量 ………………………………………………………… 36

第 8 章 测量电桥的应用 ·· 38
8.1 半桥接线法的应用 ·· 38
8.2 全桥接线法的应用 ·· 41
8.3 串联接线法的应用 ·· 44

第 3 篇 实验设备及实验数据处理方法

第 9 章 电子拉扭组合多功能实验机 ························ 47
9.1 实验机简介 ··· 47
9.2 实验机结构组成 ·· 48
9.3 软件安装 ·· 49
9.4 软件使用说明 ··· 49
9.5 开始实验 ·· 50

第 10 章 材料力学多功能实验台 ···························· 51
10.1 实验台简介 ··· 51
10.2 主要技术指标与注意事项 ······························ 52

第 11 章 应力应变综合参数测试仪 ························ 53
11.1 主要特点与技术指标 ······························· 53
11.2 桥路连接及加载测试 ······························· 54
11.3 测量参数设定 ··· 55
11.4 各功能键使用说明 ······································· 56
11.5 注意事项与操作步骤 ······························· 57

第 12 章 声发射信号测试系统 ······························· 58
12.1 测试系统的组成 ·· 58
12.2 单轴压缩声发射实验步骤 ······························ 60

第 13 章 电子引伸计 ··· 64
13.1 引伸计结构及工作原理 ······························· 64
13.2 引伸计使用方法 ·· 64

第 14 章 百分表 ·· 65
14.1 百分表的构造和工作原理 ······························ 65
14.2 百分表的检查和读数方法 ······························ 66
14.3 使用注意事项和主要应用 ······························ 67

第 15 章 实验数据处理方法 ································· 68
15.1 时域分析 ·· 68
15.2 频域分析 ·· 68
15.3 一元线性回归 ··· 69
15.4 多元线性回归 ··· 71

15.5　相关系数 ·· 72

第 4 篇　实验实践

第 16 章　基础性实验 ··· 74

实验一　金属材料的拉伸实验 ··· 74

实验二　金属材料的压缩实验 ··· 80

实验三　金属材料弹性模量的测试 ··· 85

实验四　金属材料的扭转实验 ··· 89

实验五　纯弯曲梁的正应力实验 ·· 96

实验六　电阻应变片的粘贴实验 ·· 101

第 17 章　创新设计性实验 ·· 103

实验七　材料弹性模量和泊松比的电测法实验 ··· 103

实验八　偏心拉杆极值应力的电测法实验 ··· 110

实验九　基于多功能实验台的弯扭组合变形实验 ··· 116

实验十　不同材料的自由叠合梁弯曲正应力实验 ··· 123

实验十一　不同材料的楔块叠合梁弯曲正应力实验 ··· 129

实验十二　压杆稳定临界载荷的电测法实验 ··· 135

实验十三　不同加载速率及加载路径下金属的拉伸破坏实验 ····································· 141

实验十四　不同加载速率及加载路径下金属的拉扭组合变形实验 ······························· 145

实验十五　等高式悬臂等强度梁实验 ··· 152

实验十六　简支梁低阶固有频率及主振型的测量 ·· 156

实验十七　徐州和平大桥斜拉索的振动基频测试 ·· 162

实验十八　压力水塔纵向及横向振动的固有频率测试 ··· 170

实验十九　煤岩体单轴压缩破坏过程的声发射实验 ··· 176

第 5 篇　ANSYS 数值模拟及其与实验结果的对比

第 18 章　ANSYS 软件简介 ··· 181

18.1　ANSYS 软件提供的分析类型 ··· 181

18.2　ANSYS 单位制及基本分析步骤 ·· 182

第 19 章　偏心拉杆极值应力的数值模拟 ··· 184

19.1　问题描述及定性分析 ·· 184

19.2　具体分析步骤 ··· 184

19.3　数值模拟结果与理论值的比较 ··· 192

第 20 章　细长压杆临界载荷的数值模拟 ··· 193

20.1　屈曲分析简介 ··· 193

20.2　具体分析步骤 ··· 193

第 21 章　压力水塔横向振动固有频率的数值模拟 ································200

　21.1　模态分析简介 ··200

　21.2　ANSYS 模态理论分析基础 ···200

　21.3　具体模拟步骤 ··201

　21.4　模拟结果与实验结果对比 ··211

第 22 章　不同加载速率下铸铁拉扭性能的数值模拟 ···························212

　22.1　铸铁拉伸扭转的模拟方案 ··212

　22.2　软件模拟的具体步骤 ··212

　22.3　模拟值与实验值对比 ··220

第 23 章　圆形及矩形截面杆件扭转变形的数值模拟 ···························222

　23.1　用 ANSYS 模拟圆轴扭转的分析步骤 ·······································222

　23.2　用 ANSYS 模拟矩形截面杆的翘曲 ···229

参考文献 ··232

第1篇　材料力学基本理论概述

实验需要有理论的指导，为了便于学生在材料力学实验过程中查阅相关理论，本篇参照刘鸿文编写的《材料力学》教材，首先简单介绍四种基本变形内力及应力的概念和强度条件；然后给出单向及双向应力状态下斜截面的应力、主应力和主方向的计算公式；接着介绍四种强度理论，并给出常见的弯拉(压)及弯扭两种组合变形的强度条件；最后介绍压杆稳定临界载荷的概念、计算公式及临界应力总图。

第1章　四种基本变形理论

1.1　轴向拉伸与压缩

1. 轴向拉伸与压缩概念

生产实践中经常遇到承受拉伸或压缩的杆件。这些受拉或受压的杆件虽外形各异，加载方式也不同，但它们的共同特点是：作用于杆件上的外力合力的作用线与杆件的作用线重合，杆件变形是沿轴线方向的伸长或缩短，如图 1.1 所示。

图 1.1　轴向拉伸与压缩示意图

因为外力 F 的作用线与杆件轴线重合，内力的合力 F_N 作用线也必然与杆件的轴线重合，所以 F_N 称为轴力。习惯上把拉伸时轴力(轴力背离截面)规定为正，压缩时的轴力(轴力指向截面)规定为负。

2. 正应力计算公式

基于平面假设，即假设变形前原为平面的横截面，变形后仍保持为平面且仍垂直于轴线。可得正应力计算公式为

$$\sigma = \frac{F_N}{A}$$

式中，F_N 为横截面上的轴力；A 为横截面面积。

材料的许用应力 $[\sigma]$ 计算公式为

$$[\sigma] = \frac{\sigma_u}{n} = \begin{cases} \dfrac{\sigma_s}{n_s} & \text{(塑性材料)}, \quad n_s = 1.4 \sim 1.7 \\ \dfrac{\sigma_b}{n_b} & \text{(脆性材料)}, \quad n_b = 2.5 \sim 3.0 \end{cases}$$

式中，n 为安全系数；σ_u 为极限应力；σ_s、σ_b 分别为屈服极限、强度极限；$[\sigma]$ 称为许用应力，构件实际工作时能承担的最大应力称为许用应力。

3. 正应力强度条件

正应力强度条件为

$$\sigma = \frac{F_N}{A} \leqslant [\sigma]$$

根据强度公式，除实现强度校核外，还可以进行截面尺寸设计：$A \geqslant \dfrac{F_N}{[\sigma]}$。另外，还可以确定许可载荷：$F_N \leqslant A[\sigma]$。

4. 轴向拉伸或压缩变形

轴向拉伸（压缩）时，根据杆件变形后的长度 l_1 及原长 l，可得到轴向拉压时的绝对变形为 $\Delta l = l_1 - l$，对应的相对变形或线应变为 $\varepsilon = \dfrac{\Delta l}{l}$，则由横截面应力与线应变之间的关系式 $\sigma = E\varepsilon$，可得到胡克定律的另一表达式为

$$\Delta l = \frac{F_N l}{EA}$$

式中，EA 称为抗拉（抗压）刚度。

1.2　剪切与挤压

1. 剪切概念

剪切的受力特征：构件上受到一对大小相等、方向相反、作用线相距很近且与构件轴线垂直的力作用。其对应的变形特征为构件沿两力分界面有发生相对错动的趋势。对应的剪切面即为构件将发生错动的面。剪力 Q 即为剪切面上的内力，其作用面与剪切面平行，如图 1.2 所示。

杆件在受剪力作用的过程中，通过截面法由平衡方程求解其对应的内力 Q。

2. 剪应力计算公式

基于剪应力在剪切面 A 上均匀分布这一假设，可得剪应力为

$$\tau = \frac{Q}{A}$$

式中，τ 为剪应力，它为剪切面上的平均剪应力，又称名义剪应力。

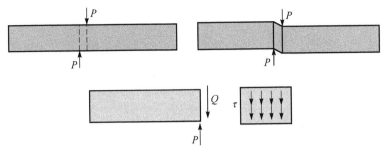

图 1.2　剪切示意图

3. 剪应力强度条件

剪应力满足的强度条件为

$$\tau = \frac{Q}{A} \leqslant [\tau] = \frac{\tau_s}{n}$$

式中，$[\tau]$ 为许用剪应力；τ_s 为极限剪应力；n 为安全系数。塑性材料和脆性材料的许用剪应力与许用正应力之间存在以下关系：

塑性：　　　　　　　　　　　　　$[\tau] = 0.6 \sim 0.8 [\sigma]$

脆性：　　　　　　　　　　　　　$[\tau] = 0.8 \sim 1.0 [\sigma]$

4. 挤压概念

将物体相互压紧的接触面称为挤压面。作用在接触面上的挤压压力，用 P_{bs} 表示。挤压面上的压强称为挤压应力，用 σ_{bs} 表示。

5. 挤压应力计算公式

假设挤压面上的挤压应力是均匀分布的，则挤压应力计算公式为

$$\sigma_{bs} = \frac{P_{bs}}{A_{bs}}$$

式中，A_{bs} 为挤压面面积。

6. 挤压应力强度条件

挤压应力强度条件为

$$\sigma_{bs} = \frac{P_{bs}}{A_{bs}} \leqslant [\sigma_{bs}]$$

式中，$[\sigma_{bs}]$ 的数值由实验确定，设计时可参考有关手册；塑性材料有 $[\sigma_{bs}] = (1.5 \sim 2.5)[\sigma]$，脆性材料有 $[\sigma_{bs}] = (0.9 \sim 1.5)[\sigma]$。

1.3　扭　　转

在杆件的两端各作用一个力偶，其力偶矩大小相等、转向相反且作用平面垂直于杆件轴线，致使杆件的任意两个横截面都发生绕轴线的相对转动，这就是扭转变形，如图 1.3 所示。该变形特点为相邻横截面绕轴线做相对转动，并将任意两横截面间绕轴线转动的相对转角称为扭转角，用 φ 表示。工程中，把以扭转为主要变形的直杆称为轴。

1.3.1　外力偶矩计算

求解轴在扭转时的内力，必须先求解作用于轴上的外力偶矩，外力偶矩往往不能直接给出，需根据轴所传送的功率与转速求解。

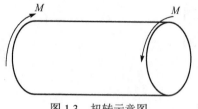

图 1.3　扭转示意图

设某传动轴传递的功率为 P 千瓦(kW)，转速为 n 转/分(r/min)，则

1s 内输入的功为

$$W = Pt = P \times 1000 \times 1 = 1000P \quad (\text{N} \cdot \text{m})$$

力偶矩 M 的功为

$$W' = m\varphi = m \cdot \frac{n}{60} \cdot 2\pi \cdot 1 = \frac{mn\pi}{30} \quad (\text{N} \cdot \text{m})$$

根据 $W=W'$，得到

$$M = 9549 \frac{P}{n} \quad (\text{N} \cdot \text{m}) \approx 9.55 \frac{P}{n} \quad (\text{kN} \cdot \text{m})$$

若已知外力偶传递的功率为 P 马力(PS，1PS=0.7354987kW)，转速为 n 转/分(r/min)，则

$$M = 7024 \frac{P}{n} \quad (\text{N} \cdot \text{m}) \approx 7.02 \frac{P}{n} \quad (\text{kN} \cdot \text{m})$$

应用以上两式时，应特别注意各量的单位。

1.3.2　扭矩计算

用截面法研究横截面上的内力。因为扭转时横截面上的内力是一个位于横截面平面内的力偶，该力偶矩称为扭矩。其中扭矩符号的判断方法为右手螺旋法则，用矢量表示扭矩。若矢量方向与横截面外法线方向一致，则扭矩为正；反之，扭矩为负。这样规定正负号的目的是使同一截面上的扭矩获得相同的正负号。

以图 1.4 为例，根据部分 I 的平衡方程 $\Sigma M_x = 0$，求出

$$T - M_e = 0$$
$$T = M_e$$

T 即为 n—n 截面上的扭矩，它是 I、II 两部分在 n—n 截面上相互作用的分布内力系的合力偶之矩。习惯上常用 T 来表示此合力偶。

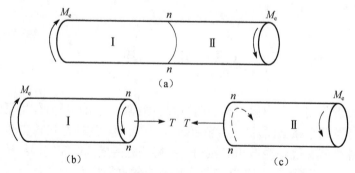

图 1.4　扭矩示意图

如果取部分 Ⅱ 作为研究对象[图 1.4(c)]，仍然可以求得 $T=M_e$ 的结果，其转向则与利用部分 Ⅰ 求出的扭矩相反。按照右手螺旋法则把 T 表示为矢量，当矢量方向与所研究截面的外法线的方向一致时，T 为正；反之，则 T 为负。根据这一法则，在图 1.4 中，$n—n$ 截面上的扭矩无论考察部分 Ⅰ 还是 Ⅱ，符号均为正。

若作用于轴上的外力偶多于两个，也与拉伸(压缩)问题中画轴力图一样，可以用图线来表示各个横截面扭矩沿轴线变化的情况。以横坐标表示横截面的位置，纵坐标表示相应截面上的扭矩。这种图线称为**扭矩图**。

1.3.3　圆轴扭转时的应力

讨论横截面为圆形的直杆受扭时的应力，要综合研究变形几何、物理和静力等三方面的关系。

1. 变形几何关系

根据圆轴扭转的平面假设(等直圆轴扭转变形前原本为平面的横截面，变形后仍保持为平面，形状和大小不变，半径仍然保持为直线；并且相邻两个横截面间的距离不变)及圆轴扭转时的几何特征，可以推导出距圆心为 ρ 处点的切应变为

$$\gamma_\rho = \rho \frac{\mathrm{d}\varphi}{\mathrm{d}x} \tag{1.1}$$

式中，φ 是圆轴两端横截面的相对转角，称为扭转角。扭转角用弧度来度量。长度为 $\mathrm{d}x$ 的微段两端截面相对转过的扭转角是 $\mathrm{d}\varphi$，$\dfrac{\mathrm{d}\varphi}{\mathrm{d}x}$ 是扭转角 φ 沿 x 轴的变化率。对一个已经给定截面上的各点来说，它是常量。

2. 物理关系

以 τ_ρ 表示横截面上距圆心距离为 ρ 处的切应力，根据剪切胡克定律(当切应力不超过材料的剪切比例极限时，切应变 γ 与切应力 τ 成正比)可知

$$\tau_\rho = G\gamma_\rho \tag{1.2}$$

将式(1.1)代入式(1.2)，可得

$$\tau_\rho = G\rho \frac{\mathrm{d}\varphi}{\mathrm{d}x} \tag{1.3}$$

式(1.3)表明，横截面上任意点的切应力 τ_ρ 与该点到圆心的距离 ρ 成正比。因为 γ_ρ 发生在垂直于半径的平面内，所以 τ_ρ 也与半径相垂直。如果再注意到切应力互等定理(在单元体互相垂直的两个平面上，切应力必然成对存在，且数值相等；两者都垂直于两个平面的交线，方向则共同指向或背离这一交线)，则在横截面与过轴线的纵向截面上，切应力沿半径的分布状况应为随半径增大而增大。

因为式(1.3)中的 $\dfrac{\mathrm{d}\varphi}{\mathrm{d}x}$ 尚未求出，这就需要借助于静力关系。

3. 静力关系

在横截面内，按照极坐标取微分面积 $\mathrm{d}A = \rho\,\mathrm{d}\theta\,\mathrm{d}\rho$ (图 1.5)。$\mathrm{d}A$ 上内力 $\tau_\rho\mathrm{d}A$ 对圆心的力矩为 $\rho\tau_\rho\mathrm{d}A$。积分得到横截面上的内力系对圆心的力矩为 $\int_A \rho\tau_\rho\mathrm{d}A$。内力系对圆心的力矩就是横截面上的扭矩，即

$$T = \int_A \rho\tau_\rho\mathrm{d}A \tag{1.4}$$

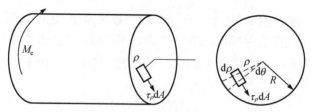

图 1.5　极坐标微分面示意图

$$T = \int_A \rho \tau_\rho \mathrm{d}A = G \frac{\mathrm{d}\varphi}{\mathrm{d}x} \int_A \rho^2 \mathrm{d}A \tag{1.5}$$

以 I_ρ 表示式(1.5)右端的积分，即

$$I_\rho = \int_A \rho^2 \mathrm{d}A \tag{1.6}$$

式中，I_ρ 称为横截面对圆心 O 点的极惯性矩(截面二次极矩)，单位为 m^4。这样，式(1.5)可写成

$$T = G I_\rho \frac{\mathrm{d}\varphi}{\mathrm{d}x} \tag{1.7}$$

从式(1.3)和式(1.4)中消去 $\dfrac{\mathrm{d}\varphi}{\mathrm{d}x}$，可得横截面上距圆心为 ρ 的任意点的切应力为

$$\tau_\rho = \frac{T\rho}{I_\rho} \tag{1.8}$$

在圆截面边缘上，ρ 为最大值 R，得最大切应力为

$$\tau_{\max} = \frac{TR}{I_\rho} \tag{1.9}$$

引用记号

$$W_t = \frac{I_\rho}{R} \tag{1.10}$$

式中，W_t 称为抗扭截面系数，m^3。式(1.9)可写成

$$\tau_{\max} = \frac{T}{W_t} \tag{1.11}$$

上述公式都是以平面假设为基础导出的。实验结果表明，只有对横截面不变的直圆轴，平面假设才是正确的。因此，这些公式只适用于等直圆轴。对圆截面沿轴线缓慢变化的小锥度锥形轴，也可近似地用这些公式计算。除此之外，导出以上诸式时使用了胡克定律，因而只适用 $\tau_{\max}$ 低于剪切比例极限的情况。

导出式(1.5)和式(1.6)时，引进了截面极惯性矩 I_ρ 和抗扭截面系数 W_t，对于实心轴(图1.5)，以 $\mathrm{d}A = \rho \mathrm{d}\theta \mathrm{d}\rho$ 代入式(1.6)，可得

$$I_\rho = \int_A \rho^2 \mathrm{d}A = \int_0^{2\pi} \int_0^R \rho^3 \mathrm{d}\theta \mathrm{d}\rho = \frac{\pi R^4}{2} = \frac{\pi D^4}{32} \tag{1.12}$$

式中，D 为圆截面的直径。由式(1.10)可求出

$$W_{\mathrm{t}} = \frac{I_\rho}{R} = \frac{\pi R^3}{2} = \frac{\pi D^3}{16} \tag{1.13}$$

对于空心圆轴（图 1.6），有

$$I_\rho = \int_A \rho^2 \mathrm{d}A = \int_0^{2\pi} \int_{\frac{d}{2}}^{\frac{D}{2}} \rho^3 \mathrm{d}\rho \mathrm{d}\theta = \frac{\pi}{32}(D^4 - d^4) = \frac{\pi D^4}{32}(1-\alpha^4) \tag{1.14}$$

$$W_{\mathrm{t}} = \frac{I_\rho}{R} = \frac{\pi}{16D}(D^4 - d^4) = \frac{\pi D^3}{16}(1-\alpha^4)$$

式中，D 和 d 分别为空心圆截面的外径和内径；R 为外半径；$\alpha = d/D$。

最后，建立圆轴扭转的强度条件。根据轴的受力情况或者扭矩图，求出绝对值最大的扭矩 $T_{\max}$。对等截面轴，按照式(1.11)算出最大切应力 $\tau_{\max}$，限制 $\tau_{\max}$ 不超过许用应力 $[\tau]$，可得强度条件为

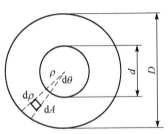

$$\tau_{\max} = \frac{T_{\max}}{W_{\mathrm{t}}} \leqslant [\tau] \tag{1.15}$$

图 1.6　空心圆截面示意图

式中，许用切应力 $[\tau]$ 的来历与 $[\sigma]$ 相类似，即 $[\tau]$ 也是极限切应力除以大于 1 的安全因数所得的结果。对于变截面轴，如阶梯轴、圆锥形轴等，W_{t} 不是常量，$\tau_{\max}$ 不一定是在扭矩为 $T_{\max}$ 的截面上，这需要综合考虑 T 和 W_{t}，寻求 $\tau = T/W_{\mathrm{t}}$ 的极值。

1.4　弯　曲

1.4.1　基本概念

1. 弯曲的概念

一般认为杆的轴线在变形后成为曲线，这种变形称为弯曲。凡是以弯曲为主要变形的杆件，通常均称为梁。

作用在梁上的载荷和支反力均位于纵向对称面内时，梁的轴线由直线弯成一条位于纵向对称面内的曲线，这种弯曲称为平面弯曲，也称为对称弯曲。

梁的计算简图中，用梁的轴线代表实际的梁，如图 1.7 所示。

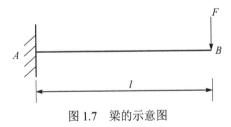

图 1.7　梁的示意图

2. 纯弯曲和横力弯曲的概念

如图 1.8(a)所示，简支梁的纵向对称面受到两个对称外力 F 的作用。图 1.8(b)、(c)和(d)分别表示其受力简图、剪力图和弯矩图。AC 段和 DB 段截面除了弯矩，还有剪力存在，这种弯曲形式就是剪切弯曲，也称横力弯曲。

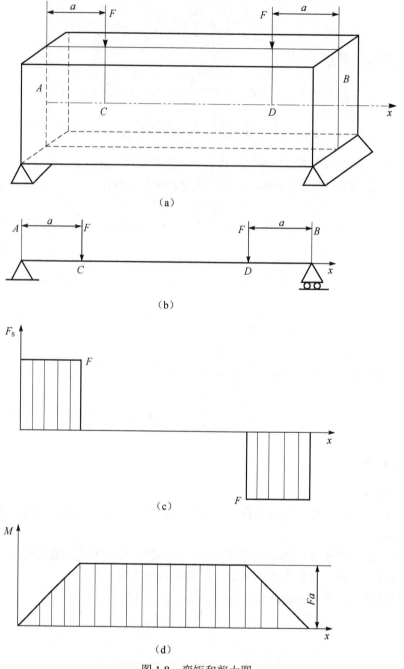

图 1.8　弯矩和剪力图

在 *CD* 段内，梁横截面上的弯矩保持为一个常量，即弯矩 *M*=常数，剪力 *Q*=0 的弯曲称为纯弯曲。

3. 中性层和中性轴

梁内有许多纵向纤维，它们平行于梁的轴线。产生如图 1.9 所示的弯曲变形时，纵向纤维的变形大小因位置不同而不同，顶端较大，底端较小。由于简支梁截面依旧保持平面的形状，顶端纤维的长度会顺着高度方向逐渐向底端变长，而在变形过程中，在这之间必然有一层纤维的长度不会发生改变，既不变长也不变短，这层纤维就是中性层。

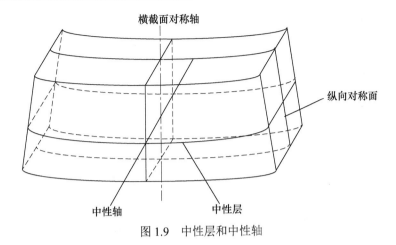

图 1.9 中性层和中性轴

1.4.2 梁纯弯曲时的正应力

梁在发生纯弯曲时，需从变形几何、物理及静力学三方面来研究横截面上的应力。

1. 变形几何方面

梁变形情况如图 1.10 所示，图 1.10(a)、(b)分别表示矩形截面梁在发生纯弯曲变形时截面变形的情况。

(1)平面假设。梁在外力载荷下发生弯曲变形，假设此时梁横截面的状态不会因此而发生变化，依旧是与梁中性轴垂直的状态。

(2)单向受力假设。假设梁由众多互不干扰、无相互作用的纵向金属纤维组成，并且这些纤维中任意一个都受且仅受到一个方向力的作用。

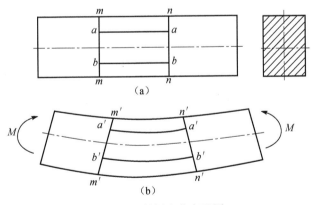

图 1.10 单梁弯曲变形图

采用微元法研究梁的纯弯曲，如图 1.11 所示。在 dx 段内画一条直线段 b—b，b—b 与中性层的距离为 y，梁经过弯曲变形之后，直线段 b—b 变形成为弧线 b'—b'，该段的左横截面和右横截面会因弯曲而发生转动，转动幅度为 dθ。

可推导出距离中性层为 y 的纤维层的正应变为

$$\varepsilon = \frac{b'b' - bb}{bb} = \frac{(\rho + y)\mathrm{d}\theta - \rho\mathrm{d}\theta}{\rho\mathrm{d}\theta} = \frac{y}{\rho} \tag{1.16}$$

式中，ρ 为中性层的曲率半径。

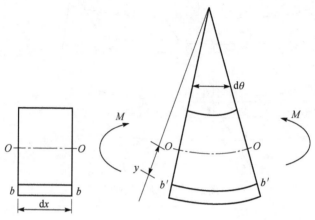

图 1.11　弯曲变形前后梁段

2. 物理方面

由胡克定律得到

$$\sigma = E\varepsilon = E\frac{y}{\rho} \tag{1.17}$$

式中，E 为弹性模量。

3. 静力学方面

横截面上的内力系是与 x 轴平行的空间平行力系，如图 1.12 所示。

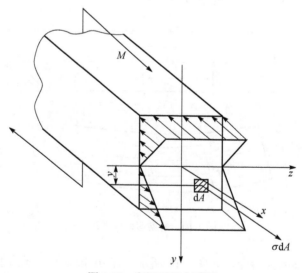

图 1.12　空间平行力系图

根据三个平衡方程

$$\sum F_x = 0, \quad \sum M_y = 0, \quad \sum M_z = M$$

可以得到

$$S_z = \int_A y\,\mathrm{d}A = 0$$

即中性轴通过截面的形心。

又因为

$$M = \int_A y\sigma\,\mathrm{d}A = \frac{E}{\rho}\int_A y^2\,\mathrm{d}A$$

令

$$I_z = \int_A y^2\,\mathrm{d}A \tag{1.18}$$

I_z 为横截面对中性轴的轴惯性矩，可得

$$\frac{1}{\rho} = \frac{M}{EI_z} \tag{1.19}$$

可知，EI_z 越大，梁的曲率半径越小，梁的变形越小，EI_z 称为梁的抗弯刚度。把式(1.19)代入式(1.17)，得到梁的纯弯曲正应力为

$$\sigma = \frac{My}{I_z} \tag{1.20}$$

1.4.3　单梁横力弯曲时的正应力

梁横力弯曲时横截面除了弯矩还有剪力，因而梁上的应力状况是正应力和切应力共同存在的。然而，因为切应力的存在，梁横截面不再保持平面。同时，在横力弯曲的情况下，正应力不能确保不存在于纵向纤维之间。虽然纯弯曲与横力弯曲存在这些差异，但研究表明，梁发生横力弯曲时求其正应力可以直接用式(1.20)进行计算，对与细长梁不会带来很大的误差。

梁在发生横力弯曲时，每个截面的弯矩都是不同的，会随截面位置的不同而发生改变。而最大正应力 $\sigma_{\max}$ 往往是在离中性轴最远处及弯矩最大的截面上。于是由式(1.20)可得

$$\sigma_{\max} = \frac{M_{\max} y_{\max}}{I_z} \tag{1.21}$$

引入记号

$$W_z = \frac{I_z}{y_{\max}} \tag{1.22}$$

则式(1.21)可写成

$$\sigma_{\max} = \frac{M_{\max}}{W_z} \tag{1.23}$$

式中，W_z 称为抗弯截面系数，m^3。它的值与截面几何形状有关。如果截面是高为 h、宽为 b 的矩形，则

$$W_z = \frac{I_z}{h/2} = \frac{bh^3/12}{h/2} = \frac{bh^2}{6}$$

若截面是直径为 d 的圆形，则

$$W_z = \frac{I_z}{h/2} = \frac{\pi d^4/64}{d/2} = \frac{\pi d^3}{32}$$

在进行强度计算时，弯曲正应力表示的强度条件是

$$\sigma_{max} = \frac{M_{max}}{W_z} \leqslant [\sigma] \tag{1.24}$$

碳钢是一种特殊的材料，它的抗拉和抗压强度相同，对此类材料进行强度校核时，仅要求梁的最大正应力(绝对值)不超过许用应力就符合使用条件。而对于铸铁这类拉压强度不等的材料，要求拉压最大正应力(绝对值)不超过各自的许用应力。

第2章 平面应力状态理论

2.1 斜截面上的应力计算

轴向拉伸或压缩时，直杆横截面上的正应力是强度计算的依据。但是，实验表明，拉(压)杆的破坏并不总是在横截面上，有时是沿着斜截面发生的。

设直杆的轴向拉力为 F [图 2.1(a)]，横截面面积为 A，则横截面上的正应力 σ 为

$$\sigma = \frac{F_N}{A} = \frac{F}{A} \tag{2.1}$$

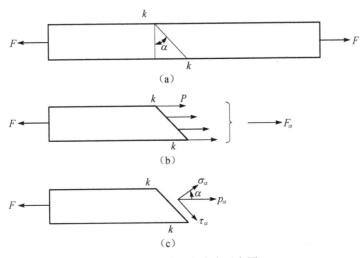

图 2.1 斜截面上应力示意图

假设与横截面成 α 角度的斜截面 k—k 的面积 A_α，A_α 与 A 之间的关系应该为

$$A_\alpha = \frac{A}{\cos\alpha} \tag{2.2}$$

若以 p_α 表示斜截面 k—k 上的应力，于是有

$$p_\alpha = \frac{F_\alpha}{A_\alpha} = \frac{F}{A_\alpha}$$

将式(2.2)代入该式，同时注意到式(2.1)所表示的关系，可得

$$p_\alpha = \frac{F}{A}\cos\alpha = \sigma\cos\alpha$$

将应力分解成垂直于斜截面的正应力 σ_α 和相切与斜截面的切应力 τ_α [图 2.1(c)]：

$$\sigma_\alpha = p_\alpha\cos\alpha = \sigma\cos^2\alpha \tag{2.3}$$

$$\tau_\alpha = p_\alpha\sin\alpha = \sigma\cos\alpha\sin\alpha = \frac{\sigma}{2}\sin 2\alpha \tag{2.4}$$

σ_α 和 τ_α 都是 τ 的函数，因此斜截面的方位不同，截面上的应力也就相应不同。当 α=0 时，斜截面 k—k 成为垂直于轴线的横截面，达到最大值，且

$$\sigma_{\alpha\max} = \sigma$$

当 α=45°时，τ_α 得到最大值，且

$$\tau_{\alpha\max} = \frac{\alpha}{2}$$

由此可见，轴向拉伸或压缩时，在杆件的横截面上，正应力为最大值；而在与杆件轴线成 45°的斜截面上，切应力为最大值。最大切应力在数值上等于最大正应力的 1/2。此外，当 α=90°时，$\sigma_\alpha=\tau_\alpha=0$，表示在平行于杆件轴线的纵向截面上无任何应力。

2.2　主应力与主方向

2.2.1　应力分析

研究表明，杆件内不同位置的点具有不同的应力。因此，一点的应力是该点坐标的函数。就一点而言，通过这一点的截面可以有不同的方位，而截面上的应力又会随着截面的方位而变化。现在以直杆拉伸为例［图 2.2(a)］，假设围绕 A 点以三对互相垂直的截面从杆内截取单元体，放大后如图 2.2(b) 所示，面上的应力都表示为图 2.2(c)。单元体的左、右两侧面是杆件横截面的一部分，面上的应力皆为 $\sigma = \dfrac{F}{A}$。单元体的上、下、前、后四个面都是平行于轴线的纵向面，面上都没有应力。但是如果按照图 2.2(d) 的方式截取单元体，使其四个侧面虽与纸面垂直，但与杆件轴线既不平行也不垂直，成为斜截面，那么在这四个面上，不仅有正应力，而且有切应力。因此，随着选取方位不同，单元体各面上的应力也就不同。

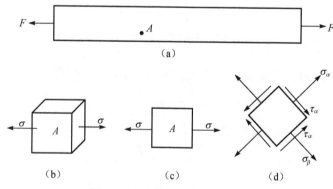

图 2.2　主应力与主方向示意图

围绕一点 A 取出的单元体，一般在三个方向上的尺寸都为无穷小。可以认为，在它的每个面上，应力都是均匀的；并且在单元体相互平行的截面上，应力都是相同的，等同于通过 A 点的平面上的应力。因此，单元体的应力状态可以代表一点的应力状态。而研究通过一点不同截面上的应力变化情况，就是应力分析的内容。

在图 2.2(b) 中，单元体三个互相垂直的面上都没有切应力，这种切应力等于零的面称为

主平面。主平面上的正应力称为主应力。通过受力构件的任意点都可以找到三个互相垂直的主平面，因此每一点都有三个主应力。对于简单拉伸或压缩，三个主应力中只有一个不等于零，称为单向应力状态；如果三个主应力中有两个不等于零，则称为二向或者平面应力状态；当三个主应力都不等于零时，称为三向或者空间应力状态。单向应力状态同时也称为简单应力状态，而二向应力状态和三向应力状态也称为复杂应力状态。

在研究一点的应力状态时，通常用 σ_1、σ_2、σ_3 代表该点的三个主应力，并且以 σ_1 代表代数值最大的主应力，σ_3 代表代数值最小的主应力，即 $\sigma_1 \geqslant \sigma_2 \geqslant \sigma_3$。

2.2.2　二向应力状态分析——解析法

二向应力状态下，已经知道通过一点的某些截面的应力后，如何确定通过这一点其他截面上的应力，从而确定主应力和主平面。

在图 2.3(a) 所示单元体的各面上，设应力分量 σ_x、σ_y、τ_{xy}、τ_{yx} 都已知。图 2.3(b) 为单元体的正投影。这里 σ_x 和 τ_{xy} 是法线与 x 轴平行的面上的正应力和切应力；σ_y 和 τ_{yx} 是法线与 y 轴平行的面上的应力。切应力 τ_{xy}(或者是 τ_{yx}) 有两个下标，第一个是下标 x(或者下标 y)，表示切应力作用平面法线的方向；第二个是下标 y(或者是下标 x)，表示切应力的方向平行于 y 轴(或者是 x 轴)。关于应力的正负号，规定为：正应力以拉应力为正，而压应力为负；把切应力看作力，则切应力对单元体内任意点的矩为顺时针转向时，规定为正，反之为负。按照上述正负号的规定，图 2.3(a) 中，σ_x、σ_y 和 τ_{xy} 皆为正。

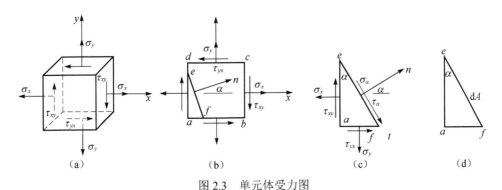

图 2.3　单元体受力图

取平行于 z 轴、与坐标平面 xy 垂直的任意斜截面 ef，与外法线 n 与 x 轴的夹角为 α [图 2.3(b)]。规定由 x 轴转到外法线 n 为逆时针转向时，α 为正；反之，为负。以截面 ef 把单元体分成两部分，并且研究 aef 部分的平衡 [图 2.3(c)]。斜截面 ef 上的正应力为 σ_α，切应力为 τ_α。如果 ef 面的面积为 $\mathrm{d}A$ [图 2.3(d)]，那么 af 面和 ae 面的面积应分别为 $\mathrm{d}A\sin\alpha$ 和 $\mathrm{d}A\cos\alpha$。把作用于 aef 部分上的力分别投影于 ef 面的外法线 n 和切线 t 方向，所得的平衡方程为

$$\sigma_\alpha \mathrm{d}A + (\tau_{xy}\cos\alpha)\sin\alpha - (\sigma_x \mathrm{d}A\cos\alpha)\cos\alpha + (\tau_{xy}\mathrm{d}A\sin\alpha)\cos\alpha - (\sigma_y \mathrm{d}A\sin\alpha)\sin\alpha = 0$$

$$\tau_\alpha \mathrm{d}A - (\tau_{yx}\mathrm{d}A\cos\alpha)\cos\alpha - (\sigma_x \mathrm{d}A\cos\alpha)\sin\alpha + (\sigma_y \mathrm{d}A\sin\alpha)\cos\alpha + (\tau_{yx}\mathrm{d}A\sin\alpha)\sin\alpha = 0$$

根据切应力互等定理，τ_{xy} 和 τ_{yx} 在数值上相等，由此简化上述两平衡方程，最后可以得出

$$\sigma_\alpha = \sigma_x \cos^2\alpha + \sigma_y \sin^2\alpha - 2\tau_{xy}\sin\alpha\cos\alpha$$

$$= \frac{\sigma_x + \sigma_y}{2} + \frac{\sigma_x - \sigma_y}{2}\cos 2\alpha - \tau_{xy}\sin(2\alpha) \tag{2.5a}$$

$$\tau_\alpha = \frac{\sigma_x - \sigma_y}{2}\sin(2\alpha) + \tau_{xy}\cos(2\alpha) \tag{2.5b}$$

利用以上公式便可以确定正应力和切应力的极值，并确定它们所在的平面位置。

将式(2.5a)对α取导数，得

$$\frac{\mathrm{d}\sigma_\alpha}{\mathrm{d}\alpha} = -2\left[\frac{\sigma_x - \sigma_y}{2}\sin(2\alpha) + \tau_{xy}\cos(2\alpha)\right] \tag{2.6}$$

若$\alpha=\alpha_0$时，能够使得导数$\dfrac{\mathrm{d}\sigma_\alpha}{\mathrm{d}\alpha}=0$，那么就确定$\alpha_0$所确定的截面上，正应力即为极大值或极小值(即最大值或最小值)。以α_0代入式(2.6)，并令其等于零，可得

$$\frac{\sigma_x - \sigma_y}{2}\sin(2\alpha_0) + \tau_{xy}\cos(2\alpha_0) = 0 \tag{2.7}$$

由此得出

$$\tan(2\alpha_0) = -\frac{2\tau_{xy}}{\sigma_x - \sigma_y} \tag{2.8}$$

式(2.7)可以求出相差90°的两个α_0角度，它们确定两个互相垂直的平面，其中一个是最大正应力所在的平面，另一个是最小正应力所在的平面。比较式(2.7)和式(2.8)，可以得知满足式(2.8)的α_0恰好使τ_α等于零。也就是说，在切应力等于零的平面上，正应力为最大值或者最小值。因为切应力为零的平面是主平面，主平面上的正应力是主应力，所以主应力就是最大或者最小的正应力。从式(2.8)求出$\sin 2\alpha_0$和$\cos 2\alpha_0$，代入式(2.7)，求出最大及最小的正应力为

$$\left.\begin{array}{l}\sigma_{\max}\\\sigma_{\min}\end{array}\right\} = \frac{\sigma_x + \sigma_y}{2} \pm \sqrt{\left(\frac{\sigma_x - \sigma_y}{2}\right)^2 + \tau_{xy}^2} \tag{2.9}$$

联合使用式(2.8)和式(2.9)时，可以先比较σ_x和σ_y的代数值。如果$\sigma_x \geqslant \sigma_y$，则式(2.6)确定的两个角度中，绝对值比较小的一个确定$\sigma_{\max}$所在的主平面；如果$\sigma_x < \sigma_y$，那么绝对值较大的一个角度确定$\sigma_{\max}$所在的主平面。

用完全类似的方法，可以确定极值切应力以及它们所在的平面。如果$\alpha=\alpha_1$，能使导数$\dfrac{\mathrm{d}\tau_\alpha}{\mathrm{d}\alpha}=0$，那么在$\alpha_1$所确定的斜截面上，切应力为极大或极小值。将$\alpha_1$代入式(2.8)，并且令其等于零，可得

$$(\sigma_x - \sigma_y)\cos(2\alpha_1) - 2\tau_{xy}\sin(2\alpha_1) = 0$$

由此求得

$$\tan(2\alpha_1) = \frac{\sigma_x - \sigma_y}{2\tau_{xy}} \tag{2.10}$$

由式(2.9)可以解出两个α_1角度，它们相差90°，从而可以确定两个互相垂直的平面，其上分别作用有极大和极小切应力。由式(2.8)解出$\sin(2\alpha_1)$和$\cos(2\alpha_1)$，代入式(2.5)，求得切应力的极大值和极小值是

$$\left.\begin{array}{l}\tau_{\max}\\\tau_{\min}\end{array}\right\} = \pm\sqrt{\left(\frac{\sigma_x - \sigma_y}{2}\right)^2 + \tau_{xy}^2} \tag{2.11}$$

将式 (2.11) 与式 (2.9) 比较，可以得到

$$\left.\begin{array}{c} \tau_{\max} \\ \tau_{\min} \end{array}\right\} = \pm\frac{1}{2}\left(\sigma_{\max} - \sigma_{\min}\right) \tag{2.12}$$

比较式 (2.8) 和式 (2.10) 可得

$$\tan 2\alpha_0 = -\frac{1}{\tan 2\alpha_1}$$

所以有

$$2\alpha_1 = 2\alpha_0 + \frac{\pi}{2}, \quad \alpha_1 = \alpha_0 + \frac{\pi}{4} \tag{2.13}$$

即极大切应力和极小切应力所在平面与主平面的夹角为 45°。

第 3 章　组合变形及强度理论

1. 组合变形概念

杆件有拉伸、压缩、剪切、扭转、弯曲等基本变形，由两种或两种以上的基本变形组合的变形，称为组合变形。

2. 组合变形分析步骤

组合变形问题的基本解法是叠加法，条件是：①小变形假设；②载荷和位移呈线性关系，即比例极限内。

对应的分析步骤如下。

(1)外力分析：将载荷等效分解为几组简单载荷，使构件在每组简单载荷作用下只产生一种基本变形，确定组合变形的种类。

(2)内力分析：画内力图，确定危险截面。

(3)应力分析：分别计算每种基本变形下的应力，确定危险点。

(4)强度计算：将每种基本变形下的应力叠加，再进行强度计算。

当构件危险点处于简单应力状态时，可将上述应力进行代数值相加；若处于复杂应力状态，则需要按照强度理论来进行强度计算。

3.1　四种常用的强度理论

各种材料因为强度不同引起的失效现象是不同的。塑性材料，如普通碳钢，是将发生屈服现象、出现塑性变形作为失效的标志。而脆性材料，如铸铁，则是将突然断裂作为失效的标志。在单向受力情况下，出现塑性变形时的屈服极限 σ_s 和发生断裂时的强度极限 σ_b，可以通过实验测定。σ_s 和 σ_b 可以统称为失效应力。用安全因数除失效应力，便可以得到许用应力 $[\sigma]$，于是可建立强度条件：

$$\sigma \leqslant [\sigma]$$

但是，实际上构件危险点的应力状态往往不是单向的。复杂应力状态下的实验，要比单向拉伸或压缩困难许多。经常是依据部分实验结果，经过推理提出一些假说，推测材料失效的原因，从而建立强度条件。一些假说认为，材料按某种方式(断裂或屈服)失效，是由应力、应变或应变能密度等因素中某一因素引起的。按照这类假说，无论简单还是复杂应力状态，引起失效的原因是相同的，也就是说与应力状态无关。这类假说被称为强度理论。利用强度理论，便可以由简单应力下的结果建立复杂应力状态下的强度条件。

强度失效的主要形式有两种，即屈服和断裂。相对应地，强度理论也分成两类：一类是解释断裂失效，其中有最大拉应力理论和最大伸长线应变理论；另一类是解释屈服失效，其中有最大切应力理论和畸变能密度理论。

3.1.1　最大拉应力理论

最大拉应力理论(第一强度理论)认为最大拉应力是引起断裂的主要因素。即认为无论什么应力状态,只要最大拉应力达到与材料性能有关的某一极限值,材料就会发生断裂。既然最大拉应力的极限值与应力状态无关,便可以用单向应力状态确定这一极限值。单向拉伸只有σ_1($\sigma_2=\sigma_3=0$),而当σ_1达到强度极限σ_b时,发生断裂。这样,根据这一理论,无论什么应力状态,只要最大拉应力σ_1达到σ_b就导致断裂。于是得到断裂准则

$$\sigma_1 = \sigma_b$$

将强度极限σ_b除以安全因数可得许用应力$[\sigma]$。因此按照第一强度理论建立的强度条件是

$$\sigma_1 \leqslant [\sigma] \tag{3.1}$$

铸铁等脆性材料在单向拉伸下,断裂发生于拉应力最大的横截面。脆性材料的扭转也是沿拉应力最大的斜面发生断裂。这些都与最大拉应力理论相符。这一理论没有考虑其他两个主应力的影响,并且对没有拉应力的状态(如单向压缩、三向压缩等)也无法应用。

3.1.2　最大伸长线应变理论

最大伸长线应变理论(第二强度理论)认为最大伸长线应变是引起断裂的主要因素。也就是认为无论什么应力状态,只要最大伸长线应变ε_1达到与材料性能有关的某一极限值,材料就会发生断裂。ε_1的极限值既然与应力状态无关,就可以由单向拉伸来确定。假设单向拉伸直到断裂仍可以用胡克定律计算应变,则拉伸时伸长线应变的极限值应该为$\varepsilon_u = \dfrac{\sigma_b}{E}$。按照这一理论,任意应力状态下,只要$\varepsilon_1$达到极限值$\dfrac{\sigma_b}{E}$,材料就会发生断裂。因此,可得到断裂准则为

$$\varepsilon_1 = \frac{\sigma_b}{E}$$

根据广义胡克定律,有

$$\varepsilon_1 = \frac{1}{E}[\sigma_1 - \mu(\sigma_2 + \sigma_3)]$$

可以得到断裂准则为

$$\sigma_1 - \mu(\sigma_2 + \sigma_3) = \sigma_b$$

将σ_b除以安全因数得到许用应力$[\sigma]$,于是按照第二强度理论建立的强度条件为

$$\sigma_1 - \mu(\sigma_2 + \sigma_3) \leqslant [\sigma_b] \tag{3.2}$$

石料或者混凝土等脆性材料受轴向压缩时,如果在实验机与试块的接触面加添加润滑剂,用以减小摩擦力的影响,试块将沿着垂直于压力的方向伸长,这就是ε_1的方向。而断裂面又垂直于伸长方向,所以断裂面平行于压力方向。铸铁在拉-压二向应力并且压应力较大的情况下,实验结果也与这一理论相近。不过按照这一理论,如果在受压试块的压力的垂直方向再施加压力,使其成为二向受压,其强度应与单向受压有所不同。但是混凝土、花岗石和砂岩的实验资料表明,两种情况下的强度并没有明显差别。与此相类似,按照这一理论,铸铁在二向拉伸时应该比单向拉伸安全,但是实验结果并不能证实这一点。对于这种情况,还是第一强度理论更接近实验结果。

3.1.3　最大切应力理论

最大切应力理论(第三强度理论)认为最大切应力是引起屈服的主要因素。即认为无论什么应力状态，只要最大切应力 $\tau_{\max}$ 达到与材料性能有关的某一极限值，材料就会发生屈服。对于单向拉伸，当与轴线成 $45°$ 的斜截面上 $\tau_{\max} = \dfrac{\sigma_s}{2}$ 时(这时，横截面上的正应力为 σ_s)，出现屈服现象。可以得出，$\dfrac{\sigma_s}{2}$ 就是导致屈服的最大切应力的极限值。因为这一极限值与应力状态无关，任意应力状态下，只要 $\tau_{\max}$ 达到 $\dfrac{\sigma_s}{2}$，就会引起材料的屈服。由最大正应力、最小正义力和最大切应力的公式

$$\sigma_{\max} = \sigma_1, \quad \sigma_{\min} = \sigma_3, \quad \tau_{\max} = \frac{\sigma_1 - \sigma_3}{2}$$

可得，在任意应力状态下，$\tau_{\max} = \dfrac{\sigma_1 - \sigma_3}{2}$。于是，得到屈服准则为

$$\frac{\sigma_1 - \sigma_3}{2} = \frac{\sigma_s}{2}$$

或者

$$\sigma_1 - \sigma_3 = \sigma_s$$

将 σ_s 换成许用应力 $[\sigma]$，得到按照第三强度理论建立的强度条件是

$$\sigma_1 - \sigma_3 \leqslant [\sigma] \tag{3.3}$$

最大切应力理论较为满意地解释了塑性材料的屈服现象。例如，低碳钢拉伸时，沿着与轴线成 $45°$ 的方向出现滑移线，是材料内部沿着这一方向发生滑移的痕迹。沿这一方向的斜面上的切应力也恰为最大值。

3.1.4　畸变能密度理论

畸变能密度理论(第四强度理论)认为畸变能密度是引起屈服的主要因素。即认为无论什么应力状态，只要畸变能密度 v_d 达到与材料性能有关的某一极限值，材料就会发生屈服。畸变能密度公式为

$$v_d = \frac{1+\mu}{3E}(\sigma_1^2 + \sigma_2^2 + \sigma_3^2 - \sigma_1\sigma_2 - \sigma_2\sigma_3 - \sigma_3\sigma_1)$$

$$= \frac{1+\mu}{6E}\left[(\sigma_1 - \sigma_2)^2 + (\sigma_2 - \sigma_3)^2 + (\sigma_3 - \sigma_1)^2\right]$$

对于单向拉伸，屈服应力为 σ_s，相对应的可求出为 $\dfrac{1+\mu}{6E}(2\sigma_s^2)$。这就是导致屈服畸变能密度的极限值。任意应力状态下，只要畸变能密度 v_d 达到上述极限值，便会引起材料的屈服。因此，畸变能密度屈服准则为

$$v_d = \frac{1+\mu}{6E}(2\sigma_s^2)$$

在任意应力状态下，整理后可得屈服准则为

$$\sqrt{\frac{1}{2}\left[(\sigma_1 - \sigma_2)^2 + (\sigma_2 - \sigma_3)^2 + (\sigma_3 - \sigma_1)^2\right]} = \sigma_s$$

把 σ_s 除以安全因数得到许用应力 $[\sigma]$。于是，按照第四强度理论得到的强度条件为

$$\sqrt{\frac{1}{2}\left[(\sigma_1-\sigma_2)^2+(\sigma_2-\sigma_3)^2+(\sigma_3-\sigma_1)^2\right]}\leqslant[\sigma] \tag{3.4}$$

几种塑性材料钢、铜、铝的薄管实验资料表明，畸变能密度屈服准则与实验资料相当吻合，比第三强度理论更符合实验结果。

综合式 (3.1)～式 (3.4)，可以把四个强度理论的强度条件写成以下统一的形式：

$$\sigma_r\leqslant[\sigma] \tag{3.5}$$

式中，σ_r 为相当应力，它是由三个主应力按照一定形式组合而成的。按照从第一强度理论到第四强度理论的顺序，相当应力分别为

$$\begin{cases}
\sigma_{r1}=\sigma_1 \\
\sigma_{r2}=\sigma_1-\mu(\sigma_2+\sigma_3) \\
\sigma_{r3}=\sigma_1-\sigma_3 \\
\sigma_{r4}=\sqrt{\frac{1}{2}\left[(\sigma_1-\sigma_2)^2+(\sigma_2-\sigma_3)^2+(\sigma_3-\sigma_1)^2\right]}
\end{cases} \tag{3.6}$$

以上便是四种常用强度理论的介绍。铸铁、石料、混凝土、玻璃等脆性材料，通常以断裂的形式失效，适合采用第一和第二强度理论。而碳钢、铜、铝等塑性材料，通常以屈服的形式失效，适合采用第三和第四强度理论。

3.2　弯拉(压)组合

强度条件为

$$\sigma_{t\max}=\frac{N}{A}+\frac{M_{\max}}{W_z}\leqslant[\sigma_t] \tag{3.7}$$

$$\sigma_{c\max}=\left|\frac{N}{A}-\frac{M_{\max}}{W_z}\right|\leqslant[\sigma_c] \tag{3.8}$$

式中，N 为危险截面的轴力；$M_{\max}$ 为最大弯矩；$[\sigma_t]$、$[\sigma_c]$ 分别为许用拉应力、许用压应力。

3.3　弯　扭　组　合

如图 3.1 所示为弯扭组合的示意图，图中：

弯矩：
$$M=-P(l-x)$$

扭矩：
$$T=M_e=\frac{Pd}{2}$$

根据危险截面的最大弯矩 M 及最大扭矩 T，得到危险点的应力为

$$\sigma=\frac{M}{W_z}, \quad \tau=\frac{T}{W_t}, \quad \sigma_x=\sigma, \quad \sigma_y=0, \quad \tau_{xy}=\tau$$

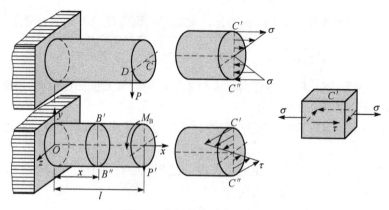

图 3.1 弯扭组合受力示意图

继而可求得对应的主应力为

$$\left.\begin{array}{c}\sigma_1\\\sigma_3\end{array}\right\}=\frac{1}{2}\left[\sigma\pm\sqrt{\sigma^2+4\tau^2}\right],\quad\sigma_2=0$$

由第三强度理论：$\sigma_1-\sigma_3\leqslant[\sigma]$，可得

$$\sqrt{\sigma^2+4\tau^2}\leqslant[\sigma] \tag{3.9}$$

对于圆轴，可得第三强度理论相应的强度条件为

$$\frac{\sqrt{M^2+T^2}}{W_z}\leqslant[\sigma] \tag{3.10}$$

式中，

$$W_t=\frac{\pi}{16}d^3=2\times\frac{\pi}{32}d^3=2W_z$$

由第四强度理论，有

$$\sqrt{\frac{1}{2}\left[(\sigma_1-\sigma_2)^2+(\sigma_2-\sigma_3)^2+(\sigma_3-\sigma_1)^2\right]}\leqslant[\sigma] \tag{3.11}$$

可得

$$\sqrt{\sigma^2+3\tau^2}\leqslant[\sigma] \tag{3.12}$$

对于圆轴，可得第四强度理论相应的强度条件为

$$\frac{\sqrt{M^2+0.75T^2}}{W_z}\leqslant[\sigma] \tag{3.13}$$

第4章　压杆稳定理论

承载物体在外界干扰下保持原有平衡状态的能力称为稳定性。根据稳定性的不同，可将平衡分为稳定的平衡和不稳定的平衡。本章以弹性细长受压直杆为例，研究其受力状态下的稳定性，如图 4.1 所示。

（1）当轴向力 P 较小时，其平衡形态为直线。此时如有一微小的侧向干扰力，压杆会产生微小的横向弯曲变形；一旦干扰力撤去，压杆仍可回到原来的直线平衡状态。此时，原来的直线平衡状态是稳定的。

（2）当轴向力 P 较大时，如有一微小的侧向干扰力，压杆产生弯曲变形；当侧向力去掉后，杆不能回到原来的直线平衡状态。而是处于曲线平衡状态。此时，原来的直线平衡状态是不稳定的。

使杆件保持稳定平衡状态的最大压力称为临界压力，通常记为 P_{cr}。由上述分析可知，随着轴向力逐渐增大，其对应的平衡状态由稳定的平衡状态向不稳定的平衡状态转变。压杆的临界压力 P_{cr} 越高，越不易失稳，即稳定性越好。细长压杆失稳时的应力一般都小于强度破坏时的应力。因而研究压杆稳定性的关键是确定临界压力。

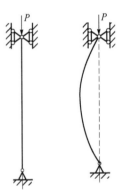

图 4.1　压杆受力示意图

4.1　压杆临界应力的计算公式

临界压力作用下细长压杆的应力求解公式为

$$\sigma_{cr} = \frac{P_{cr}}{A} = \frac{\pi^2 EI}{A(\mu l)^2}$$

将 I 用惯性半径 i 表示为 $I = i^2 A$，则

$$\sigma_{cr} = \frac{\pi^2 E i^2 A}{A(\mu l)^2} = \frac{\pi^2 E}{\left(\dfrac{\mu l}{i}\right)^2}$$

令 $\lambda = \dfrac{\mu l}{i}$ 称为压杆的柔度或细长比，为无量纲量，它反映杆端约束情况、杆长、截面形状和尺寸等因素对临界应力的影响。

可得欧拉公式的应力表达形式为

$$\sigma_{cr} = \frac{\pi^2 E}{\lambda^2}$$

欧拉公式的应用范围为

$$\sigma_{cr} = \frac{\pi^2 E}{\lambda^2} \leqslant \sigma_P$$

即
$$\lambda \geqslant \sqrt{\frac{\pi^2 E}{\sigma_P}}$$

记
$$\lambda_1 = \sqrt{\frac{\pi^2 E}{\sigma_P}}$$

式中，σ_P 为比例极限。可得欧拉公式的适用范围为 $\lambda \geqslant \lambda_1$。满足此式的压杆，称为大柔度杆或细长杆。

当柔度小于 λ_1 时，采用经验公式计算临界力。对应的直线公式为
$$\sigma_{cr} = a - b\lambda$$

式中，a、b 为与材料有关的常数。适用范围为 $\sigma_{cr} = a - b\lambda \leqslant \dfrac{\sigma_s}{\sigma_b}$，可得

$$\lambda \geqslant \frac{a - \sigma_s(\sigma_b)}{b} = \lambda_2$$

则直线公式的适用范围为 $\lambda_2 \leqslant \lambda \leqslant \lambda_1$，满足此式的压杆，称为中柔度杆或中长杆；当 $\lambda < \lambda_1$ 时，称为小柔度压杆。

4.2　临界应力总图

如图 4.2 所示，其中水平线 AB 表示为小柔度压杆，斜直线 BC 对应中等柔度压杆，曲线 CD 对应大柔度压杆。表示临界压力随压杆柔度变化的情况，称为临界应力总图。

稳定计算中，无论欧拉公式还是经验公式，都是以杆件的整体变形来考虑的。局部削弱对杆件的整体变形影响很小。因此，计算临界应力时，可采用未经削弱的横截面面积和惯性矩。

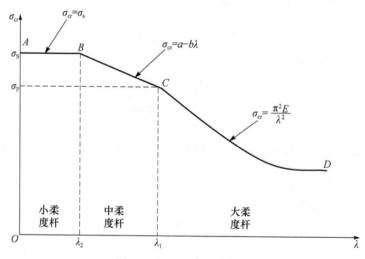

图 4.2　压杆临界应力总图

第 2 篇　电阻应变测量法简介

应变电测法一般是指用电阻应变片进行应变测试的方法，也称电阻应变测试方法，简称电测法。它是利用贴在构件表面的电阻应变片来测定受力构件表面的应变变化，再根据应变-应力关系确定构件表面的应力状态。测量过程是先选用合适的电阻应变片（简称应变片）粘贴在被测构件上，在载荷的作用下构件变形时电阻应变片的电阻将发生相应的变化，这种电阻值的变化可以利用电阻应变仪（简称应变仪）测量出来，最后换算成应变值，即可得出被测构件的应变，这种方法实际上就是将机械应变量转换成电量。

电阻应变测试技术起源于 19 世纪。1856 年汤姆孙(W. Thomson)对金属丝进行了拉伸实验，发现金属丝的应变与电阻的变化有一定的函数关系，并可用惠斯通电桥精确地测量这些电阻变化。1938 年西斯蒙(E. Simmons)和鲁奇(A. Ruge)制出了第一批实用的纸基丝绕式电阻应变片。1953 年杰克逊(P. Jackson)利用光刻技术，首次制成了箔式应变片，随着微光刻技术的发展，这种应变片的栅长可短到 0.178mm。1954 年史密斯(C. C. Smith)发现半导体材料的压阻效应。1957 年梅森(W. P. Masom)等研制出半导体应变片。现在已研制出数万种用于不同环境和条件的各种类型电阻应变片。

电阻应变片的应用范围十分广泛，适用的结构包括航空航天、原子能反应堆、桥梁道路、大坝以及各种机械设备等；适用的材料包括钢铁、铝、木材、塑料、玻璃、土石、复合材料等各种金属及非金属材料。具有测量灵敏度和精度高，频率响应好，尺寸小，质量轻，安装方便，便于操作等优点。电阻应变测试方法是一个既适用于实验室研究又适用于实际工程现场的测试方法。

第 5 章　电阻应变片的工作原理及特性

5.1　电阻应变片的工作原理

金属丝受力发生变形而产生电阻变化的应变电阻效应是电阻应变片的工作原理。由物理知识可知，金属丝的电阻 R 与其材料的电阻率 ρ、原始长度 L、横截面的直径 D 和面积 A 有关，其关系式为

$$R = \rho \frac{L}{A} \tag{5.1}$$

金属丝电阻的相对变化可表示为

$$\frac{\mathrm{d}R}{R} = \frac{\mathrm{d}\rho}{\rho} + \frac{\mathrm{d}L}{L} - \frac{\mathrm{d}A}{A} \tag{5.2}$$

式中，$\dfrac{\mathrm{d}L}{L}$ 为金属丝长度的相对变化，用应变表示，即

$$\frac{\mathrm{d}L}{L} = \varepsilon \tag{5.3}$$

$\dfrac{\mathrm{d}A}{A}$ 为金属丝横截面的相对变化。由于金属丝的横截面积为 $A = \dfrac{\pi D^2}{A}$，其相对变化可表示为

$$\frac{\mathrm{d}A}{A} = 2\frac{\mathrm{d}D}{D} = -2\mu\frac{\mathrm{d}L}{L} \tag{5.4}$$

式中，μ 为金属丝材料的泊松比。

将式(5.3)和式(5.4)代入式(5.2)，可得

$$\frac{\mathrm{d}R}{R} = \frac{\mathrm{d}\rho}{\rho} + \frac{\mathrm{d}L}{L} - \frac{\mathrm{d}A}{A} = \frac{\mathrm{d}\rho}{\rho} + (1+\mu)\varepsilon \tag{5.5}$$

式中，$\dfrac{\mathrm{d}R}{R}$ 是金属丝的电阻变化率；$\dfrac{\mathrm{d}\rho}{\rho} + (1+\mu)\varepsilon$ 是金属丝受力变形后几何尺寸的变化。

在正常的工作环境与金属丝的应变范围内，金属丝的电阻变化率与其轴向受力产生的应变成正比，即

$$\frac{\mathrm{d}R}{R} = K_s\varepsilon \tag{5.6}$$

式中，K_s 为金属丝的灵敏系数，则

$$K_s = \frac{1}{\varepsilon}\frac{\mathrm{d}\rho}{\rho} + (1+2\mu) \tag{5.7}$$

5.2　电阻应变片的结构与分类

5.2.1　电阻应变片的结构

如图 5.1 所示，电阻应变片主要由敏感栅、基底、覆盖层及引线构成，在基底和覆盖层之间用黏结剂粘敏感栅。

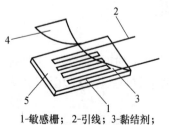

1-敏感栅；2-引线；3-黏结剂；
4-覆盖层；5-基底

图 5.1　电阻应变片

1. 敏感栅

敏感栅能够将被测构件表面的应变转换为电阻的变化，因为其灵敏度非常高，故称为敏感栅，通常用合金丝或合金箔制成。它由纵栅与横栅两部分组成。一般对制成应变片敏感栅材料的要求有：灵敏度 K_s 高，且 K_s 值基本上是常数；弹性极限高于被测构件材料的弹性极限；电阻率 ρ 高，随时间的延长，变化并不是很大；电阻温度系数小，当温度需要循环时，重复性好；稳定性高，具有较好的延伸率、耐腐蚀性和很好的焊接性能，能够熔焊

和电焊,而且对引线的热电势小,因为加工性能好,还可以制成细丝或箔片。

2. 基底

基底能够起到使敏感栅和试件之间保持相互绝缘的作用,并且能将敏感栅永久或临时安置于其上。对制成基底的材料通常要求有较好的黏结性能与绝缘性能,能减少发生蠕变和滞后现象,材料柔软但要具有一定的机械强度、不吸潮、适应性强等。

3. 引线

从敏感栅引出的丝状或带状金属导线就是电阻应变片的引线。一般引线就是应变片的一部分,在制造应变片时即已经和敏感栅接好。引线的特点是电阻率低而稳定,电阻温度系数小。

4. 覆盖层

电阻应变片覆盖层的作用有防止敏感栅受到机械损伤、防止其在高温下氧化。常用的覆盖层材料有纸、胶膜及玻璃纤维布等。

5.2.2 电阻应变片的分类

电阻应变片有很多种类,按不同方法或机理可以分成的种类也很多。

1. 工作温度

按照许用的工作温度范围可分为低温应变片(-30℃以下)、常温应变片(-30~60℃)、中温应变片(60~350℃)和高温应变片(350℃以上)。

2. 基底材料

根据基底的材料可分为纸基、胶膜基底、金属基底、玻璃纤维增强基底及临时基底等。

3. 敏感栅材料

按照敏感栅的材料主要分为金属应变片和半导体应变片。

1) 金属应变片(包括金属丝式和金属箔式)

金属应变片又分为金属丝式应变片和金属箔式应变片。金属丝式特点是测量精度较高,疲劳寿命较短。金属箔式具有很多优点,如加工性能好、疲劳寿命长等,得到广泛应用。

2) 半导体应变片

半导体应变片制造的原理是压阻效应。它的特点是输出信号大,灵敏性较差。

4. 敏感栅结构形状

金属应变片按敏感栅的结构形状分为单轴应变片、单轴多栅应变片(图 5.2)和应变花(多轴应变片),如图 5.3 所示。

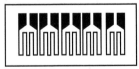

（a）平行轴多栅应变片　　　　（b）同轴多栅应变片

图 5.2　单轴多栅应变片

5. 几种特殊的应变片

下面介绍一些特殊形状的应变片,主要有以下几种形式:

(1)裂纹扩展应变片。主要用于检测构件在载荷作用下裂纹扩展的过程及扩展的速率。

(2)疲劳寿命应变片。粘贴在受载荷作用的构件上,可以预测构件的疲劳寿命。

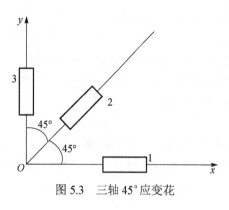

图 5.3　三轴 45° 应变花

（3）大应变量应变片。用于测量大应变或超弹性范围应变的场合，其极限应变通常可达 5%～20%。

（4）双层应变片。适用于体积小或密封的容器在内表面不易贴片的情况。用来测量弯曲及轴向应变。

（5）防水应变片。适用于潮湿环境或水下以及高水压作用的环境。在常温下的短期测量可以涂防护层，但长期测量则需使用特制的防水应变片。

（6）屏蔽式应变片。适用环境是电流变化幅度大及电磁干扰强的情况。应变片的上、下两面屏蔽层可以减小干扰，准确地传递应变信号。

5.3　电阻应变片的主要工作特性

1. 应变片的电阻值 R

应变片的电阻是指应变片在室温下、还未安装且不受力的条件下，测定的电阻值。一般有 60Ω、120Ω、200Ω、350Ω、500Ω、1000Ω 等。最常用的为 120Ω 和 350Ω 两种。在相同工作电流的情况下，应变片的阻值越大，工作电压越高，测量灵敏度越高。

2. 应变片的灵敏系数 K

应变片的灵敏系数 K 为应变片粘在被测构件表面（应变片的纵向与应力方向平行）时，应变片的电阻变化率与构件表面应变片贴片处沿应力方向应变 ε 的比值，即

$$K = \frac{\Delta R / R}{\varepsilon} \tag{5.8}$$

敏感栅材料的灵敏系数 K_s 决定应变片灵敏系数 K 的大小，但应变片的灵敏系数还与敏感栅的结构、几何形状以及基底、黏结剂、厚度等有关，是这几项影响的综合指标，应变片的灵敏系数小于敏感栅材料的灵敏系数。应变片的灵敏系数由生产厂家经抽样在专门的设备上进行标定确定，并不能通过理论计算获得，而且在包装上注明。常用金属应变片的灵敏系数为 0.2～2.4。

3. 应变片的横向效应系数 H

应变片的敏感栅中除了有纵向丝栅，还有圆弧形或直线形的横栅。横栅既对应变片轴线方向的应变敏感，又对垂直于轴线方向的横向应变敏感。当敏感栅的纵栅因试件轴向伸长而引起电阻值增加时，其横栅则因试件横向缩短而引起电阻减小。这种应变片输出包含横向应变影响的现象，称为应变片的横向效应。应变片横向效应的大小用横向效应系数 H 衡量。一般而言，H 值越大，横向效应影响越小，测量精度越高。

4. 应变片的机械滞后 Z_j

在恒定温度下，对安装应变片的试件加载和卸载，其加载曲线和卸载曲线不重合，这种现象称为应变片的机械滞后。机械滞后主要由敏感栅、基底和黏结剂在承受机械应变之后留下的残余变形所致。应变片的机械滞后，用在加载和卸载两过程中指示应变值之差的最大值 Z_j 来表示（图 5.4）。

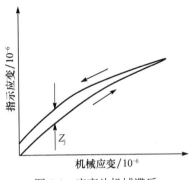

图 5.4　应变片机械滞后

5. 应变片的零点漂移和蠕变

在温度恒定的条件下，即使被测构件未承受应力，应变片的指示应变也会随时间的增加而逐渐变化，这一变化称为零点漂移，或简称零漂。如果温度恒定，且应变片承受恒定的机械应变，这时指示应变随时间的变化称为蠕变。

零漂和蠕变所反映的是应变片的性能随时间的变化规律，只有当应变片用于较长时间测量时才起作用。实际上，零漂和蠕变是同时存在的，在蠕变值中包含同一时间内的零漂值。

零漂产生的主要原因是敏感栅通上工作电流之后产生的温度效应、应变片在制造和安装过程中所造成的内应力以及黏结剂固化不充分等。蠕变产生的主要原因是胶层在传递应变时出现的滑动。

6. 应变片的应变极限

应变片的应变极限是指在温度恒定的条件下，应变片在不超过规定的非线性误差时，所能够工作的最大真实应变值。工作温度升高，会使应变极限明显下降。

7. 应变片的疲劳寿命 N

应变片的疲劳寿命是指在恒定幅值的交变应力作用下，应变片连续工作，直至产生疲劳损坏时的循环次数。当应变片出现以下三种情形之一时，即可认为是疲劳损坏：①敏感栅或引线发生断路；②应变片输出幅值变化 10%；③应变片输出波形上出现穗状尖峰。

8. 应变片的绝缘电阻

应变片的绝缘电阻是指敏感栅及引线与被测试件之间的电阻值。绝缘电阻过低，会造成应变片与试件之间漏电而产生测量误差。提高绝缘电阻的方法是选用电绝缘性能好的黏结剂和基底材料，并使其经过充分的固化处理。

9. 应变片的热输出

应变片安装在可以自由膨胀的试件上，且试件不受外力作用，应变片随环境温度变化产生的应变输出，称为应变片的热输出，通常称为温度应变。产生应变片热输出的主要原因：①敏感栅材料的电阻随温度变化；②敏感栅材料与试件材料之间线膨胀系数的差异。

10. 最大工作电流

应变片的最大工作电流是指允许通过其敏感栅而不影响工作特性的最大电流。增加工作电流，虽然能够增大应变片的输出信号而提高测量灵敏度，但如果由此产生太大的温升，不仅会使应变片的灵敏系数发生变化，零漂和蠕变值明显增加，有时还会将应变片烧坏。

第 6 章 测量电桥的工作原理及特性

粘贴在被测试件上的电阻应变片，在测试过程中电阻的变化极其微小。因此需要设计测量电路把电阻变化的信号转换为电压或电流信号，再通过放大器将信号调理放大并记录。这种将电阻变化转化为电压或电流的信号再通过放大器放大并记录的过程就是电阻应变仪的工作原理。其中，测量电路首选惠斯通电桥，也称测量电桥。

下面以直流电桥为例，说明测量电桥在应变测试中的工作原理。

6.1 测量电桥的工作原理

供桥电压为直流电压的测量电桥如图 6.1 所示。

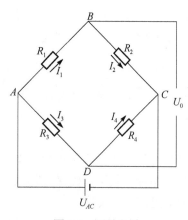

图 6.1 测量电桥

设电桥各桥臂电阻分别为 R_1、R_2、R_3、R_4；输出端为 B、D，输出电压为 U_0，电桥的 A、C 为输入端，接直流电源，输入电压为 U_{AC}。根据 ABC 半个电桥来看，AC 间的电压为 U_{AC}，流经 R_1 的电流为

$$I_1 = \frac{U_{AC}}{R_1 + R_2}$$

则 R_1 两端的电势差为

$$U_{AB} = I_1 R_1 = \frac{R_1}{R_1 + R_2} U_{AC}$$

同理，R_3 两端的电势差为

$$U_{AD} = \frac{R_3}{R_3 + R_4} U_{AC}$$

则电桥输出电压为

$$U_0 = U_{AB} - U_{AD} = \left(\frac{R_1}{R_1 + R_2} - \frac{R_3}{R_3 + R_4} \right) U_{AC} = \frac{R_1 R_4 - R_2 R_3}{(R_1 + R_2)(R_3 + R_4)} U_{AC} \tag{6.1}$$

由式 (6.1) 可知，当电桥的输出电压为零时电桥就会保持平衡，则桥臂电阻必须满足

$$R_1 R_4 = R_2 R_3 \tag{6.2}$$

设初始电桥处于平衡状态，设各桥臂相应的电阻增量分别为 ΔR_1、ΔR_2、ΔR_3、ΔR_4，则由式 (6.2) 可得电桥输出电压为

$$U_0 = \frac{(R_1 + \Delta R_1)(R_4 + \Delta R_4) - (R_2 + \Delta R_2)(R_3 + \Delta R_3)}{(R_1 + \Delta R_1 + R_2 + \Delta R_2)(R_2 + \Delta R_3 + R_4 + \Delta R_4)} U_{AC} \tag{6.3}$$

将式 (6.1) 和式 (6.2) 代入式 (6.3)，且 ΔR 远小于 R，略去高阶微量，可得

$$U_0 = \frac{R_1 R_2}{(R_1 + R_2)^2} \left(\frac{\Delta R_1}{R_1} - \frac{\Delta R_2}{R_2} - \frac{\Delta R_3}{R_3} + \frac{\Delta R_4}{R_4} \right) U_{AC} \tag{6.4}$$

在用应变电桥进行测量时，常用的测量电桥有两种形式：

(1) 等臂电桥。电桥的各桥臂的初始阻值相等，即 $R_1 = R_2 = R_3 = R_4 = R$。

(2) 卧式电桥。初始阻值关系为 $R_1 = R_2 = R'$ 和 $R_3 = R_4 = R''$。

无论哪种方案，均满足平衡条件，且 $R_1 = R_2$，故式 (6.4) 可简化为

$$U_0 = \frac{U_{AC}}{4}\left(\frac{\Delta R_1}{R_1} - \frac{\Delta R_2}{R_2} - \frac{\Delta R_3}{R_3} + \frac{\Delta R_4}{R_4} \right) \tag{6.5}$$

若四个桥臂均使用灵敏系数 K 相同的应变片，根据

$$\frac{\Delta R_i}{R} = K \varepsilon_i$$

有

$$U_0 = \frac{K U_{AC}}{4}(\varepsilon_1 - \varepsilon_2 - \varepsilon_3 + \varepsilon_4) \tag{6.6}$$

式 (6.6) 表明，粘贴在构件上的应变片感受到的应变通过电桥可以转换为电压信号，此信号经过应变仪放大器放大处理，再用应变仪输出的读数应变 ε_d 表示，即

$$\varepsilon_d = \varepsilon_1 - \varepsilon_2 - \varepsilon_3 + \varepsilon_4 \tag{6.7}$$

测量电桥有下列特点：

(1) 相邻相减。电桥中两个相邻桥臂上电阻应变片的应变代数相减。

(2) 相对相加。电桥中两个相对桥臂上电阻应变片的应变代数相加。

在实际测量中，读数应变就是应变仪的输出应变，因此只要合理地利用电桥相邻相减、相对相加这个特点就可以适当地使读数应变增大。

6.2　温　度　补　偿

在实验过程中，被测构件和所粘贴的电阻应变片所处温度突然发生变化，则电阻应变片将产生热输出 ε_t。因为被测构件不受载荷的作用而且没有约束，所以热输出 ε_t 会一直存在。当被测构件开始承受载荷时，由于载荷作用应变片会产生应变，这时因工作环境变化而产生的应变与外力作用产生的应变叠加在一起，并一起输出和测量，这就使测量结果产生了一定的误差。

工作环境发生变化 (即温度变化) 引起应变 ε_t 的大小与被测构件承受载荷作用产生的实际应变相当。因而，在应变电测法测量中，可以通过消除温度应变 ε_t 来减少实验误差。

在外力的作用下，被测构件会产生机械应变，而环境温度变化也会使被测构件产生应变，这两种应变都可以被测量应变片传递出来。根据式 (6.7)，如果想消除因温度变化而引起的应变，可以将四个应变片分别接入电桥的四个桥臂或者只将两个应变片接入电桥的相邻桥臂，根据电桥的相邻相减、相对相加的特性，只要保证电阻应变片的热输出相等，温度变化引起的应变就可以消除，从而减少实验误差。这种消除方法就是桥路补偿法。桥路补偿法可分工作片补偿法与补偿块补偿法两种。

1. 工作片补偿法

此方法是准备几个规格相同的工作应变片，把它们适当地粘贴在同一被测构件上，当被测构件受到外力作用且工作温度发生变化时，每个粘贴在被测构件上的应变片都会产生由载

荷作用引起的应变和工作环境变化引起的应变，根据电桥相邻相减、相对相加的特性，就能消除因温度变化所引起的应变，再得到承受载荷所引起的应变，这就是工作片补偿法。

2. 补偿块补偿法

在被测构件上粘贴一个电阻应变片 R_1，在外载荷的作用下，该应变片跟随构件一起变形；再准备一个与被测构件材料相同、规格相同，但不受外力的补偿块，即电阻应变片 R_2，并将它置于构件被测点附近，使补偿片与工作片处于同一温度场中。R_1 称为工作片，R_2 称为温度补偿片。将工作片接入电桥的 AB 桥臂，温度补偿片接入电桥的 BC 桥路，在 AD 与 CD 桥臂分别接入阻值相同的固定电阻 R，这样便组成了如图 6.2(b) 所示的等臂桥路。根据电桥的特性（相邻相减、相对相加），即式(6.7)，便可以消除因温度变化而引起的应变。

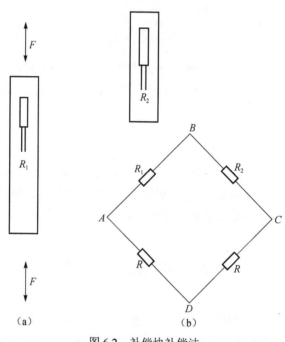

（a）   （b）

图 6.2 补偿块补偿法

第7章 电阻应变片在电桥中的接线方法

在实际的测量过程中，为了实现温度补偿，测定某一需要的应变值，使测量精度提高，必须充分利用电桥相邻相减、相对相加的特性，不同的情况下采用不同的电桥接线方式。主要的电桥接线方式有半桥测量接线法、全桥测量接线法。而半桥测量接线法又分为双臂半桥测量和单臂半桥测量，全桥测量接线法又分为四臂全桥测量和对臂全桥测量。下面进行详细介绍。

7.1 半桥测量接线法

若将电阻应变片 R_1 和 R_2 接在测量电桥两相邻桥臂 AB 和 BC 上，测量电桥的另外两桥臂 AD 和 CD 接固定电阻 R，这种只接两个相邻固定电阻的接线方式称为半桥测量接线法。设 R_1 和 R_2 感受的应变(含构件的变形应变和温度应变)分别为 ε_1 和 ε_2，固定电阻因工作环境变化而使其电阻发生变化，但变化很小且相同，即 $\Delta R_3 = \Delta R_4$，因而有 $\varepsilon_3 = \varepsilon_4$。根据式(6.7)，应变仪的读数应变为

$$\varepsilon_d = \varepsilon_1 - \varepsilon_2 \tag{7.1}$$

根据两个电阻应变片的工作状态不同，可分为两种半桥接线方式的测量，双臂半桥测量和单臂半桥测量。

1. 双臂半桥测量

双臂半桥测量的接线方法，如图 7.1 所示。设工作应变片 R_1 和 R_2 感受构件受载荷而变形引起的应变分别为 ε_1^F 和 ε_2^F，因温度引起的应变均为 ε_t，则

$$\varepsilon_1 = \varepsilon_1^F + \varepsilon_t, \quad \varepsilon_2 = \varepsilon_2^F + \varepsilon_t$$

根据式(6.7)应变仪的读数应变为

$$\varepsilon_d = \varepsilon_1^F - \varepsilon_2^F \tag{7.2}$$

即应变仪的读数应变为两工作片上构件变形应变的代数和。

2. 单臂半桥测量

单臂半桥测量常用于温度补偿，如图 7.2 所示，R_1 为工作应变片，R_2 为温度补偿应变片。设工作应变片由构件受载荷变形引起的应变为 ε_1^F，因温度引起的应变为 ε_t；温度补偿应变片与工作应变片处于同一工作环境中，温度引起的应变也为 ε_t。则

$$\varepsilon_1 = \varepsilon_1^F + \varepsilon_t, \quad \varepsilon_2 = \varepsilon_t$$

根据式(6.7)，此时应变仪的读数应变为

$$\varepsilon_d = \varepsilon_1^F \tag{7.3}$$

即应变仪的读数应变为工作片上的构件变形应变。

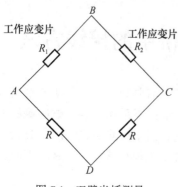

图 7.1　双臂半桥测量

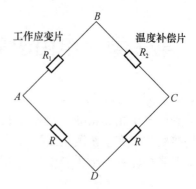

图 7.2　单臂半桥测量

7.2　全桥测量接线法

全桥测量接线法就是在测量电桥的四个桥臂上全部接电阻应变片的接线方式。根据四个应变片的工作状态和性质不同，可分为四臂全桥测量(图 7.3)和对臂全桥测量(图 7.4)两种不同的测量方式。

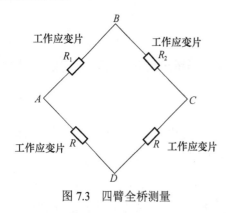

图 7.3　四臂全桥测量

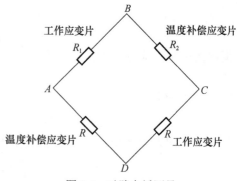

图 7.4　对臂全桥测量

1. 四臂全桥测量

如图 7.3 所示，在测量电桥的四个桥臂上都接工作应变片。设工作应变片由构件受力变形引起的应变分别为 ε_1、ε_2、ε_3 和 ε_4，温度变化引起的应变均为 ε_t，则

$$\varepsilon_1 = \varepsilon_1^F + \varepsilon_t, \quad \varepsilon_2 = \varepsilon_2^F + \varepsilon_t, \quad \varepsilon_3 = \varepsilon_3^F + \varepsilon_t, \quad \varepsilon_4 = \varepsilon_4^F + \varepsilon_t$$

根据式(6.7)，应变仪的读数应变为

$$\varepsilon_d = \varepsilon_1^F - \varepsilon_2^F - \varepsilon_3^F + \varepsilon_4^F \tag{7.4}$$

即应变仪的读数应变为四个构件变形工作片应变的代数和。

2. 对臂全桥测量

当工作应变片接在测量电桥两相对桥臂，温度补偿应变片接在另相对两桥臂上，如图 7.4 所示。设工作应变片因温度变化引起的应变均为 ε_t，因构件受力变形引起的应变分别为 ε_1^F 和 ε_4^F。温度补偿应变片因温度变化引起的应变为 ε_t，则

$$\varepsilon_1 = \varepsilon_1^F + \varepsilon_t, \quad \varepsilon_2 = \varepsilon_t, \quad \varepsilon_3 = \varepsilon_t, \quad \varepsilon_4 = \varepsilon_4^F + \varepsilon_t$$

根据式(6.7)，应变仪的读数应变为

$$\varepsilon_{\mathrm{d}} = \varepsilon_1^F + \varepsilon_4^F \tag{7.5}$$

即应变仪的读数应变为相对两臂工作片变形应变的代数和。

7.3　串联和并联测量接线法

在应变测量过程中，可将应变片串联或并联起来接入测量桥臂，图 7.5(a)为串联半桥测量接线法，图 7.5(b)则为并联半桥测量接线法，也可以接成串联或并联的全桥测量接线法。

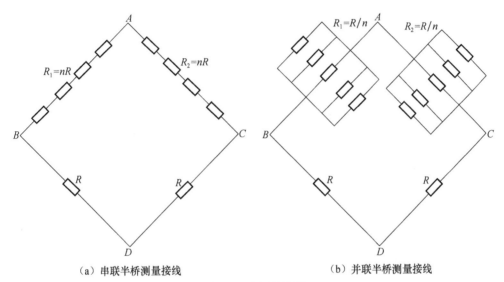

（a）串联半桥测量接线　　　　　　　　（b）并联半桥测量接线

图 7.5　半桥接线图

1. 串联半桥测量

设在 AB 桥臂中串联了 n 个阻值为 R 的应变片 [图 7.5(a)]，所以整体阻值 R 为 nR,假定应变片的电阻改变量依次是 $\Delta R_1', \Delta R_2', \cdots, \Delta R_n'$，则

$$\varepsilon_1 = \frac{1}{K} \frac{\Delta R_1' + \Delta R_2' + \cdots + \Delta R_n'}{nR} = \frac{1}{n} \sum_{i=1}^n \varepsilon_i' \tag{7.6}$$

(1)串联半桥测量时桥臂的应变为各应变片应变值的算术平均值。这个特性可以很好地运用于实际测量中。

(2)如果串联在某一桥臂上所有应变片的应变都相同，那么串联并不会提高测量的灵敏度。

(3)串联后的桥臂电阻增大，适当增加电桥的电压可以增大输出应变值，使得到的结果更为准确，但是电流不能超过限定值。

2. 并联半桥测量

如果在 AB 桥臂上并联 n 个阻值分别为 $R_1, R_2, \cdots, R_n$ 的应变片[图 7.5(b)]，其总电阻为 R，则

$$\frac{1}{R} = \frac{1}{R_1} + \frac{1}{R_2} + \cdots + \frac{1}{R_n} = \sum_{i=1}^n \frac{1}{R_i} \tag{7.7}$$

对式(7.7)微分，可得

$$-\frac{1}{R^2}\mathrm{d}R = -\frac{1}{R_1^2}\mathrm{d}R_1 - \frac{1}{R_2^2}\mathrm{d}R_2 - \cdots - \frac{1}{R_n^2}\mathrm{d}R_n = -\sum_{i=1}^{n}\frac{1}{R_i^2}\mathrm{d}R_i \tag{7.8}$$

若所有应变片的阻值均相等，即 $R_1 = R_2 = R_0$，则总电阻 $R = R_0/n$，故有

$$\frac{1}{R}\mathrm{d}R = \frac{1}{n}\sum_{i=1}^{n}\frac{1}{R_0}\mathrm{d}R_i \tag{7.9}$$

即

$$\varepsilon_1 = \frac{1}{K}\frac{\mathrm{d}R}{R} = \frac{1}{Kn}\sum_{i=1}^{n}\frac{\mathrm{d}R_i}{R_i} = \frac{1}{Kn}\sum_{i=1}^{n}K\varepsilon_i' = \frac{1}{n}\sum_{i=1}^{n}\varepsilon_i' \tag{7.10}$$

与式(7.6)相同。这表明：

(1) 并联半桥测量的特性与串联半桥的特性(1)、(2)相同。

(2) 并联会减小桥臂总电阻值，因此只要保证应变片的电流不超过最大工作电流，电桥的输出电流就能够成倍增加，有利于电流检测。

由以上分析可见，不同的组桥接线方式可以得到不同的应变输出值。因此，在实验研究和工作使用中，应该按照要求灵活选择。

7.4　应力应变测量

在结构的强度分析中，确定构件的应力和应变分布规律是非常重要的。在应力应变测量中，关键环节有两个：①在应变测量中确定应变片的粘贴位置(即测点的选择)和粘贴方向；②根据应力应变分析将测得的应变换算成应力。

下面针对几种典型的平面应力状态进行研究。

1. 已知主应力方向的单向应力状态

构件在外力作用下，如果被测点的受力为单向应力，即主应力的方向已知，则只需在该点沿主应力方向粘贴一个应变片。测得该方向的应变后，由单向应力状态的胡克定律即可求得该方向的主应力为

$$\sigma = E\varepsilon$$

式中，E 代表被测构件的弹性模量。

2. 已知主应力方向的双向应力状态

若已知主应力的方向且被测点的受力为双向受力，例如，薄壁容器在受压时，其上各点的主应力方向已知且为双向应力。此时，只要将两个应变片按照主应力的方向分别粘贴在试件上，分别测出两个主应变 ε_1 和 ε_2(可采用单臂半桥测量的方法)。然后由广义胡克定律

$$\sigma_1 = \frac{E}{1-\mu^2}(\varepsilon_1 + \mu\varepsilon_2) \tag{7.11}$$

$$\sigma_2 = \frac{E}{1-\mu^2}(\varepsilon_2 + \mu\varepsilon_1) \tag{7.12}$$

即可求得主应力 σ_1 和 σ_2。式中，μ 为被测构件材料的泊松比。

3. 未知主应力方向的二向应力状态

对于受力情况比较复杂的构件，测点常为主应力未知的二向应力状态。为确定该点的主应力大小和主方向，可以通过测量该点处任意三个方向的线应变，从而得到主应变、主应力

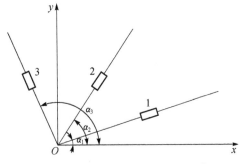

图 7.6　沿测点三个方向贴应变片

和主方向。测量的方法和原理如下。

在该点建立参考坐标系 xOy，如图 7.6 所示。沿与坐标轴 x 夹角分别为 α_1、α_2 和 α_3 的三个方向上，各粘贴一个应变片，分别测出这三个方向上的应变。任意方向的应变计算公式为

$$\varepsilon_{\alpha_1} = \frac{\varepsilon_x + \varepsilon_y}{2} + \frac{\varepsilon_x - \varepsilon_y}{2}\cos(2\alpha_1) - \frac{\gamma_{xy}}{2}\sin(2\alpha_1)$$

$$\varepsilon_{\alpha_2} = \frac{\varepsilon_x + \varepsilon_y}{2} + \frac{\varepsilon_x - \varepsilon_y}{2}\cos(2\alpha_2) - \frac{\gamma_{xy}}{2}\sin(2\alpha_2) \quad (7.13)$$

$$\varepsilon_{\alpha_3} = \frac{\varepsilon_x + \varepsilon_y}{2} + \frac{\varepsilon_x - \varepsilon_y}{2}\cos(2\alpha_3) - \frac{\gamma_{xy}}{2}\sin(2\alpha_3)$$

根据上述任意三个方向的已知应变 ε_{α_1}、ε_{α_2}、ε_{α_3}，由式 (7.13) 可联立求解出 ε_x、ε_y、γ_{xy}，再代入主应变大小及主方向的计算公式：

$$\begin{matrix} \varepsilon_1 \\ \varepsilon_3 \end{matrix} = \frac{\varepsilon_x + \varepsilon_y}{2} \pm \frac{1}{2}\sqrt{(\varepsilon_x - \varepsilon_y)^2 + \gamma_{xy}^2} \quad (7.14)$$

$$\tan(2\alpha_0) = -\frac{\gamma_{xy}}{\varepsilon_x - \varepsilon_y} \quad (7.15)$$

根据广义胡克定律式 (7.11) 和式 (7.12)，可求出该点的主应力为

$$\begin{matrix} \sigma_1 \\ \sigma_3 \end{matrix} = \frac{E}{2}\left[\frac{\varepsilon_x + \varepsilon_y}{1 - \mu} \pm \frac{1}{1 + \mu}\sqrt{(\varepsilon_x - \varepsilon_y)^2 + \gamma_{xy}^2}\right] \quad (7.16)$$

理论上，三个应变片的布片方位可以任意设定，但是为了便于计算，常取一些特殊角度，如 0°、45°、60°、90° 或 120°，并且把几个敏感栅按照一定夹角排列。对不同形式的应变花，均可利用测量应变 ε_i，根据式 (7.13)～式 (7.16) 导出被测点的主应变、主应力和主方向计算公式。

作为例子，下面推导应用最广的三轴 45° 应变花的主应变和主应力计算公式。

三轴 45° 应变花由 0°、45° 和 90° 三个方向的应变片组成，测出的应变相应为 $\varepsilon_{0°}$、$\varepsilon_{45°}$、$\varepsilon_{90°}$，将它们代入式 (7.13)，得到

$$\varepsilon_x = \varepsilon_{0°}$$

$$\varepsilon_y = \varepsilon_{90°}$$

$$\gamma_{xy} = \varepsilon_{0°} + \varepsilon_{90°} - 2\varepsilon_{45°}$$

根据式 (7.14)，得到主应变为

$$\begin{matrix} \varepsilon_1 \\ \varepsilon_3 \end{matrix} = \frac{\varepsilon_{0°} + \varepsilon_{90°}}{2} \pm \frac{1}{2}\sqrt{(\varepsilon_{0°} - \varepsilon_{90°})^2 + (\varepsilon_{0°} + \varepsilon_{90°} - 2\varepsilon_{45°})^2}$$

根据式 (7.16)，可得主应力为

$$\begin{matrix} \sigma_1 \\ \sigma_3 \end{matrix} = \frac{E}{2}\left[\frac{\varepsilon_{0°} + \varepsilon_{90°}}{1 - \mu} \pm \frac{1}{1 + \mu}\sqrt{(\varepsilon_{0°} - \varepsilon_{90°})^2 + (\varepsilon_{0°} + \varepsilon_{90°} - 2\varepsilon_{45°})^2}\right]$$

主应力方向和主应变方向一致，故可由式 (7.15) 得到主方向为

$$\tan(2\alpha_0) = \frac{2\varepsilon_{45°} - \varepsilon_{0°} - \varepsilon_{90°}}{\varepsilon_{0°} - \varepsilon_{90°}}$$

第8章 测量电桥的应用

在工程实际中，往往多种内力同时作用使某一被测构件的测点产生应变。分析构件结构及其强度时，有时只关注某一种内力因素产生的应变，而需要将其余内力的应变排除。因此，在实际的应变测量中，为了保证测出的应变值具有较高的准确性，减少误差，需要充分利用电桥相邻相减、相对相加的特性，合理地选择电桥接线方法，根据实验要求分析被测构件的应变规律。下面对测量电桥的应用进行简单介绍。

8.1 半桥接线法的应用

8.1.1 测量拉压应变

利用半桥接线法测定图 8.1 所示受拉构件的拉伸应变有两种方案。

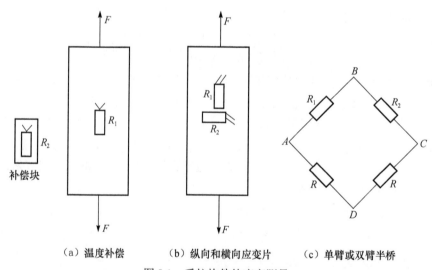

（a）温度补偿　　　　（b）纵向和横向应变片　　　　（c）单臂或双臂半桥

图 8.1　受拉构件的应变测量

1. 单臂半桥测量

在被测构件表面沿轴向粘贴工作应变片 R_1，另在补偿块上粘贴温度补偿应变片 R_2 [图 8.1(a)]，这时应变 ε_1 中有两种应变，载荷 F 引起的拉伸应变 ε_1^F 和温度变化引起的应变 ε_t，即

$$\varepsilon_1 = \varepsilon_1^F + \varepsilon_t$$

而 ε_2 中只有温度引起的应变 ε_t，即

$$\varepsilon_2 = \varepsilon_t$$

将工作片 R_1、补偿片 R_2 按图 8.1(c)接成半桥线路进行单臂半桥测量，则应变仪的读数应变由式(6.7)得到，即

$$\varepsilon_{\mathrm{d}} = \varepsilon_1 - \varepsilon_2 = \varepsilon_1^F$$

按照这样的接线方式，不仅可以测出由载荷 F 引起的拉伸应变，并且用补偿块补偿法消除了温度变化引起的应变。

2. 双臂半桥测量

将工作应变片 R_1 和 R_2 分别沿轴向和横向粘贴在被测构件表面上 [图 8.1(b)]，此时 $\varepsilon_1 = \varepsilon_1^F + \varepsilon_{\mathrm{t}}$。而 ε_2 中则有载荷 F 引起的横向应变 $-\mu\varepsilon_1^F$ 和温度变化引起的应变 ε_{t}，即

$$\varepsilon_2 = -\mu\varepsilon_1^F + \varepsilon_{\mathrm{t}}$$

按图 8.1(c)进行双臂半桥测量，应变仪的读数应变由式(6.7)得到，即

$$\varepsilon_{\mathrm{d}} = \varepsilon_1 - \varepsilon_2 = (1+\mu)\varepsilon_1^F$$

故杆件拉伸应变为

$$\varepsilon_1^F = \frac{\varepsilon_{\mathrm{d}}}{1+\mu} \tag{8.1}$$

即按照上述桥接线方法，既能测出由载荷 F 引起的拉伸应变，也用工作片补偿法消除了温度变化所引起的应变。另外，可使读数应变增大 $(1+\mu)$ 倍，使灵敏度变高。

8.1.2　扭转切应力的测量

如图 8.2(a)所示，圆周扭转时其主应力大小和方向如图 8.2(b)所示，表面各点为纯剪切应力状态，即最大拉应力 σ_1 和最大压应力 σ_3 在与轴线分别成 45°方向的面上，且 $\sigma_1 = -\sigma_3 = \tau$。根据平面应力状态的广义胡克定律

$$\varepsilon_1 = \frac{1}{E}(\sigma_1 - \mu\sigma_3) = \frac{1}{E}(1+\mu)\tau = \varepsilon_T \tag{8.2}$$

$$\varepsilon_3 = \frac{1}{E}(\sigma_3 - \mu\sigma_1) = -\frac{(1+\mu)\tau}{E} = -\varepsilon_T \tag{8.3}$$

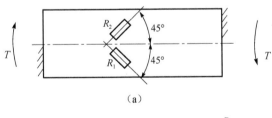

（a）

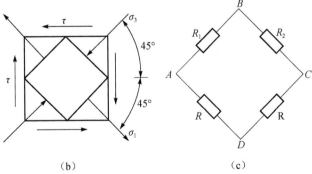

（b）　　　　　　　　　　（c）

图 8.2　扭转切应力的测量

即 σ_1 作用方向的最大拉应变 ε_T 与 σ_3 作用方向的最大压应变 $-\varepsilon_T$ 的绝对值相等。因此，可将应变片 R_1 粘贴在沿与轴线成 $-45°$ 方向，将应变片 R_2 粘贴在与轴线成 $45°$ 方向［图 6.7(a)］，此时各应变片的应变为

$$\varepsilon_1 = \varepsilon_T + \varepsilon_t, \quad \varepsilon_2 = -\varepsilon_T + \varepsilon_t$$

按图 8.2(c)进行双臂半桥测量，根据式(6.7)，应变仪读数应变为

$$\varepsilon_d = \varepsilon_1 - \varepsilon_2 = 2\varepsilon_T$$

由此看出，双臂半桥测量读数应变是被测应变的两倍，提高了测量灵敏度。由扭矩作用在 σ_1 方向所引起的应变为

$$\varepsilon_T = \frac{1}{2}\varepsilon_d \tag{8.4}$$

由式(8.2)可得扭转切应力为

$$\tau = \frac{E}{1+\mu}\varepsilon_T \tag{8.5}$$

将式(8.4)和 $G = \dfrac{E}{2(1+\mu)}$ 代入式(8.5)，得扭转切应力为

$$\tau = \frac{E}{2(1+\mu)}\varepsilon_d = G\varepsilon_d \tag{8.6}$$

8.1.3　弯曲正应力的测量

当被测构件为悬臂梁时，测量其弯曲应力如图 8.3 所示，同一截面上、下表面应变的绝对值相等，梁的上表面产生拉应变 ε_M，而下表面产生压应变 $-\varepsilon_M$。因此，可沿杆件轴向在被测构件的截面的上、下表面各粘贴一个应变片，各应变片的应变分别为

$$\varepsilon_1 = \varepsilon_M + \varepsilon_t, \quad \varepsilon_2 = -\varepsilon_M + \varepsilon_t$$

按图 8.3(b)接成双臂半桥路线进行测量，根据式(6.7)，应变仪的读数应变为

$$\varepsilon_d = \varepsilon_1 - \varepsilon_2 = 2\varepsilon_M$$

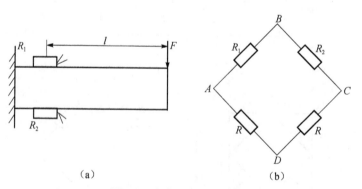

　　　　　　　（a）　　　　　　　　　　　　　　　　　（b）

图 8.3　弯曲正应力的测量

故梁上表面贴片截面处的弯曲应变为

$$\varepsilon_M = \frac{1}{2}\varepsilon_d \tag{8.7}$$

由上述分析可知，应变仪的读数应变为梁弯曲应变的两倍，测量灵敏度提高了。由式(6.7)

和胡克定律可得贴片截面的弯曲正应力为

$$\sigma_1 = E\varepsilon_M = \frac{1}{2}E\varepsilon_d \tag{8.8}$$

8.1.4　弯曲切应力的测量

悬臂梁在横向力 F 的作用下产生横力弯曲 [图 8.4(a)]，在梁的中性层上是纯剪切应力状态，弯曲切应力为 τ_F，在与轴线成 $\pm 45°$ 方向的方向上有主应力 [图 8.4(b)]：

$$\sigma_1 = \tau_F, \quad \sigma_3 = -\tau_F$$

当悬臂梁承受横力弯曲时，在梁的中性层上应力状态为纯剪切应力状态。因此，可采用与测量扭转切应力相同的方法，即沿着与轴线成 $\pm 45°$ 方向贴片。按图 8.4(c)进行双桥半臂测量，参考式(8.2)～式(8.6)可得弯曲切应力为

$$\tau_F = \frac{E}{2(1+\mu)}\varepsilon_d = G\varepsilon_d \tag{8.9}$$

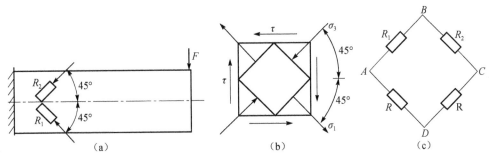

图 8.4　弯曲切应力的测量

8.2　全桥接线法的应用

8.2.1　弯扭组合变形

如图 8.5(a)所示，圆轴承受弯扭组合变形作用，图中 T、M 分别为引起扭转及弯曲的外力偶矩，D 为圆轴的直径。由图可知，中性轴上只有扭转切应力，没有弯曲正应力，呈纯剪切应力状态。此时，可在前后中性轴上 A、B 两点分别沿与轴线成 $\pm 45°$ 方向，粘贴 R_1、R_2、R_3、R_4，如图 8.5(a)、(c)所示，并按图 8.5(d)接成四臂全桥测量电路。

设 ε_T 为扭矩在被测点 $45°$ 方向上引起的应变绝对值，由于 A、B 两点为纯剪切应力状态，由图 8.5(c)并参考图 8.4(b)及式(8.2)、式(8.3)可知，各应变片的应变分别为

$$\varepsilon_1 = \varepsilon_T + \varepsilon_t, \quad \varepsilon_2 = -\varepsilon_T + \varepsilon_t, \quad \varepsilon_3 = -\varepsilon_T + \varepsilon_t, \quad \varepsilon_4 = \varepsilon_T + \varepsilon_t$$

由式(6.7)可得应变仪的读数应变为

$$\varepsilon_d = \varepsilon_1 - \varepsilon_2 - \varepsilon_3 + \varepsilon_4 = 4\varepsilon_T \tag{8.10}$$

即四臂全桥测量读数应变是被测应变的 4 倍，提高了测量灵敏度，则扭转作用所引起被测点在 $45°$ 方向的切应变为

$$\varepsilon_T = \frac{1}{4}\varepsilon_d \tag{8.11}$$

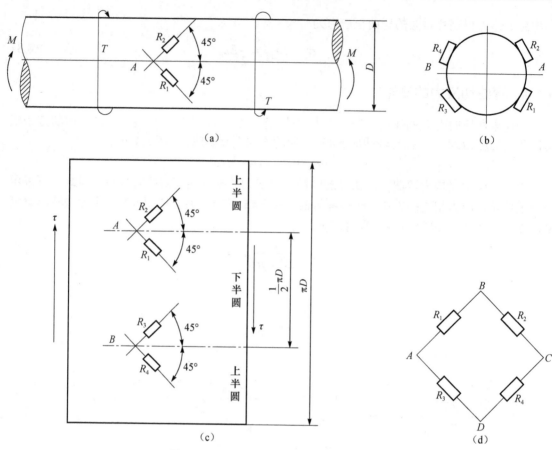

图 8.5　弯扭组合变形时的扭转切应力测量

联立式(8.5)，即可得到扭转切应力为

$$\tau = \frac{G}{2}\varepsilon_d \tag{8.12}$$

讨论：若粘贴的应变片偏离了中性层［图 8.5(b)］，则在应变片内除了扭矩产生的应变，还有弯曲产生的应变。设 R_1、R_2、R_3、R_4 贴片位置相对中性轴是上下对称的，则 R_1、R_3 上的拉应力与 R_2 和 R_4 上的压应力相等。若 ε_M 和 ε_T 分别代表弯矩和扭矩在被测点±45°方向上引起的应变绝对值，由于在弯矩 M 作用下 R_1、R_3 受拉，R_2 和 R_4 受压，则各应变片的应变分别为

$$\varepsilon_1 = \varepsilon_M + \varepsilon_T + \varepsilon_t, \quad \varepsilon_2 = -\varepsilon_M - \varepsilon_T + \varepsilon_t, \quad \varepsilon_3 = \varepsilon_M - \varepsilon_T + \varepsilon_t, \quad \varepsilon_4 = -\varepsilon_M + \varepsilon_T + \varepsilon_t$$

由式(6.7)可得应变仪的读数应变为

$$\varepsilon_d = \varepsilon_1 - \varepsilon_2 - \varepsilon_3 + \varepsilon_4 = 4\varepsilon_T \tag{8.13}$$

可知，读数应变与式(8.10)相同，表明此种接线方式既能消除弯曲和温度变化的影响，又可增大读数应变。

进一步讨论，如果是横力弯曲的弯扭组合变形，除弯矩、扭矩外还有剪力作用，在测量扭转切应力时，如何消除剪力产生的切应力影响，请读者自己思考。

8.2.2　材料弹性模量 E 和泊松比 μ 的测量

材料弹性模量 E 和泊松比 μ 的测量，可以在材料实验机或其他拉伸设备上进行。试件可

能会有初曲率，同时实验机(或其他拉伸设备)的夹头难免会存在一些偏心作用，使得试件两面的应变不相同，即试件除产生拉伸变形外，还附加了弯曲变形，因此在测量中需设法消除弯曲变形的影响。

1. 测量弹性模量 E

在拉伸试件的两侧面，沿试件轴线 y 方向对称粘贴应变片 R_1 和 R_4；另在补偿块上粘贴补偿片 R_2 和 R_3，如图 8.6(a)所示。并分别将 R_1 和 R_4、R_2 和 R_3 接入相对两桥臂，按图 8.6(b)接成对臂全桥线路进行测量。

由于 R_1 上既有拉伸应力又有弯曲拉应力，R_4 上既有拉伸应力又有弯曲压应力，若以 ε_F、ε_M 分别代表测点轴向拉伸和弯曲变形所引起的应变的绝对值，则各应变片的应变为

$$\varepsilon_1 = \varepsilon_F + \varepsilon_M + \varepsilon_t, \quad \varepsilon_2 = \varepsilon_3 = \varepsilon_t, \quad \varepsilon_4 = \varepsilon_F - \varepsilon_M + \varepsilon_t$$

根据式(6.7)，应变仪的读数应变为

$$\varepsilon_{yd} = \varepsilon_1 - \varepsilon_2 - \varepsilon_3 + \varepsilon_4 = 2\varepsilon_F \tag{8.14}$$

因此，由轴向拉伸变形引起的应变为

$$\varepsilon_F = \frac{1}{2}\varepsilon_{yd} \tag{8.15}$$

可知，在读数应变中已经消除了弯曲变形和温度变化的影响。

若试件截面积为 A，且测得拉力 F，则得到材料的弹性模量为

$$E = \frac{\sigma}{\varepsilon_F} = \frac{2F}{\varepsilon_{yd}A} \tag{8.16}$$

2. 测量泊松比 μ

在图 8.6(a)所示的拉伸试件两侧面，沿与试件轴线垂直的 x 方向对称粘贴工作应变 $R_{1'}$ 片、$R_{4'}$，另在补偿块上粘贴补偿片 $R_{2'}$、$R_{3'}$，分别将 $R_{1'}$ 和 $R_{4'}$、$R_{2'}$ 和 $R_{3'}$ 接入相对两桥臂，按图 8.6(b)接成对臂全桥路线进行测量。此时各应变片的应变为

$$\varepsilon_{1'} = -\mu(\varepsilon_F + \varepsilon_M) + \varepsilon_t, \quad \varepsilon_{2'} = \varepsilon_{3'} = \varepsilon_t,$$
$$\varepsilon_{4'} = -\mu(\varepsilon_F - \varepsilon_M) + \varepsilon_t$$

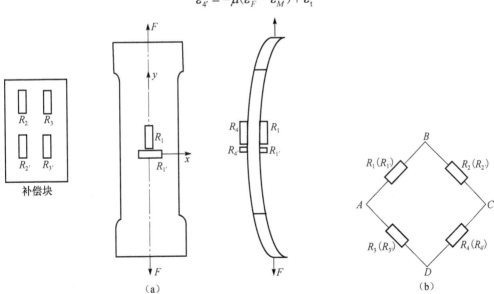

图 8.6　材料弹模及泊松比的测量

根据式(6.7)，应变仪的读数应变为

$$\varepsilon_{xd} = \varepsilon_{1'} - \varepsilon_{2'} - \varepsilon_{3'} + \varepsilon_{4'} = -2\mu\varepsilon_F \tag{8.17}$$

根据式(8.17)和式(8.15)，可得到材料的泊松比为

$$\mu = \left| \frac{\varepsilon_{xd}}{\varepsilon_{yd}} \right| \tag{8.18}$$

8.3　串联接线法的应用

利用串联接线法可以测量拉弯组合变形时的应变。如图 8.7(a)所示，杆件承受弯曲和拉伸变形，各点的应变由弯矩和轴向拉力共同作用产生。在上表面轴力引起的应变和弯矩引起的应变相加，在下表面轴力引起的应变和弯矩引起的应变相减。

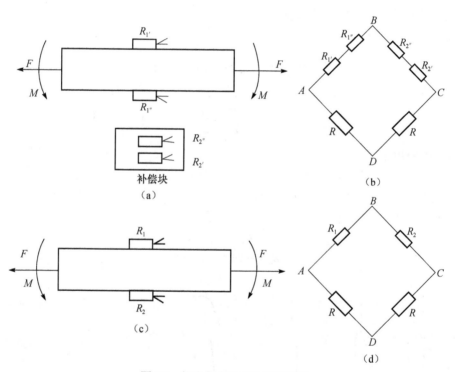

图 8.7　拉弯组合变形的应变测量

1. 测量拉伸应变ε_F

如图 8.7(a)所示，应变片 $R_{1'}$ 和 $R_{1''}$ 分别粘贴在试件上、下表面，补偿块上粘贴了补偿电阻 $R_{2'}$ 和 $R_{2''}$。按图 8.7(b)，将 $R_{1'}$ 和 $R_{1''}$、$R_{2'}$ 和 $R_{2''}$ 分别串联起来，连成半桥串联线路。粘贴在试件上表面的 $R_{1'}$ 应变片的应变为拉伸所引起的拉应变与弯曲所引起的拉应变之和，粘贴在试件下表面的 $R_{1''}$ 应变片的应变为拉伸所引起的拉应变与弯曲所引起的压应变之和。则各应变片的应变为

$$\varepsilon_{1'} = \varepsilon_F + \varepsilon_M + \varepsilon_t, \quad \varepsilon_{1''} = \varepsilon_F - \varepsilon_M + \varepsilon_t, \quad \varepsilon_{2'} = \varepsilon_t, \quad \varepsilon_{2''} = \varepsilon_t \tag{8.19}$$

根据式(6.7)，桥臂 AB 和 BC 的电阻所感受的总应变为

$$\varepsilon_1 = \frac{\varepsilon_{1'} + \varepsilon_{1''}}{2} = \varepsilon_F + \varepsilon_t, \quad \varepsilon_2 = \frac{\varepsilon_{2'} + \varepsilon_{2''}}{2} = \varepsilon_t$$

根据式(6.7)，应变仪的读数应变为

$$\varepsilon_d = \varepsilon_1 - \varepsilon_2 = \varepsilon_F \quad\quad\quad\quad\quad (8.20)$$

可知，这种贴片和组桥方式可以消除弯矩和温度的影响，测出仅由轴力引起的应变，但读数应变没有增加，不提高测量灵敏度。

2. 测定弯曲应变ε_M

如图 8.7(c)所示，在试件的上、下表面分别粘贴工作应变片 R_1 和 R_2。并将他们接入双臂半桥电路中，如图 8.7(d)所示。此时 R_1、R_2 的应变为

$$\varepsilon_1 = \varepsilon_F + \varepsilon_M + \varepsilon_t, \quad \varepsilon_2 = \varepsilon_F - \varepsilon_M + \varepsilon_t$$

根据式(6.7)，应变仪的读数应变为

$$\varepsilon_d = \varepsilon_1 - \varepsilon_2 = \left(\varepsilon_F + \varepsilon_M + \varepsilon_t\right) - \left(\varepsilon_F - \varepsilon_M + \varepsilon_t\right) = 2\varepsilon_M \quad\quad (8.21)$$

故弯曲应变为

$$\varepsilon_M = \frac{1}{2}\varepsilon_d \quad\quad\quad\quad\quad (8.22)$$

由上述分析可知，设计应变片位置以及选择不同的桥路可以消除温度和轴力导致的应变，测量出仅由弯矩所导致的应变。

在研究轴力引起的应变时，还有许多方法。例如，除了使用上述的串联接线，还可使用对臂全桥接线测量，也可以把应变片粘贴在中性轴上进行测量。读者可以自行设计完成。

为了便于查看，各种基本变形及常见组合变形下的应变测试电桥接线法进行了汇总，见表 8.1。

表 8.1　应变测试法汇总表

变形形式	需测应变	应变片的粘贴位置	电桥连接方法	测量应变片 ε 与仪器读数应变 ε_d 间的关系	备注
拉(压)	拉(压)			$\varepsilon = \varepsilon_d$	R_1 为纵向工作片 R_2 为补偿片
				$\varepsilon = \dfrac{\varepsilon_d}{1+\mu}$	R_1 为纵向工作片，R_2 为横向工作片，μ 为材料泊松比
弯曲	弯曲			$\varepsilon = \dfrac{\varepsilon_d}{2}$	R_1 与 R_2 均为工作片
				$\varepsilon = \dfrac{\varepsilon_d}{1+\mu}$	R_1 为纵向工作片 R_2 为横向工作片

变形形式	需测应变	应变片的粘贴位置	电桥连接方法	测量应变片 ε 与仪器读数应变 ε_d 间的关系	备注
扭转	扭转主应变			$\varepsilon = \dfrac{\varepsilon_d}{2}$	R_1 与 R_2 均为工作片
拉（压）弯组合	拉（压）			$\varepsilon = \varepsilon_d$	R_1 与 R_2 均为工作片，R 为补偿片
				$\varepsilon = \dfrac{\varepsilon_d}{2}$	
拉（压）弯组合	弯曲			$\varepsilon = \dfrac{\varepsilon_d}{2}$	R_1 与 R_2 均为工作片
拉（压）扭组合	扭转主应变			$\varepsilon = \dfrac{\varepsilon_d}{2}$	R_1 与 R_2 均为工作片
	拉（压）			$\varepsilon = \dfrac{\varepsilon_d}{1+\mu}$	R_1、R_2、R_3、R_4 均为工作片
				$\varepsilon = \dfrac{\varepsilon_d}{2(1+\mu)}$	
扭弯组合	扭转主应变			$\varepsilon = \dfrac{\varepsilon_d}{4}$	R_1、R_2、R_3、R_4 均为工作片
	弯曲			$\varepsilon = \dfrac{\varepsilon_d}{2}$	R_1 与 R_2 均为工作片

第3篇 实验设备及实验数据处理方法

本篇首先介绍实验中主要用到的实验设备，包括电子拉扭组合多功能实验机、材料力学多功能实验台、应力应变综合参数测试仪、声发射信号测试系统、电子引伸计、百分表等的结构、功能及操作方法，然后介绍数据统计的时域特征及频域特征、一元线性回归的概念、最小二乘法原理及多元线性回归方法。

第9章 电子拉扭组合多功能实验机

9.1 实验机简介

力尔拉扭组合多功能实验机如图9.1所示。该设备空间结构分为上、下两层，实验装置的种类很多，功能齐全，只要载荷低于150kN，大部分力学实验都可以在该实验机上进行。可以做扭转、压缩、拉伸、纯弯曲梁、横力弯曲对称梁(同材料与不同材料)、叠合梁(同材料与不同材料)、楔块叠合梁(同材料与不同材料)、工字形简支梁、T字形简支梁、梁弯曲变形、矩形悬臂弯曲梁、悬臂等高等强度梁金属材料弹性常数、高温高压三轴岩石实验以及自制实验等不同的材料力学实验。它的加载速率可调，可快可慢，根据需要选用合适的加载速率(本篇所涉及实验所采用的加载速率一定要小)，同时它的受力范围较大，实验机的精度、灵敏度都比较高。尤其是对加载附加载荷、弯曲变形、扭转变形，拉压等实验的测量。它的优点为加载速率大、测量范围较大、精度高以及灵敏度较高。

实验机工作条件一般如下。

(1)将室内温度控制在10～35℃范围内。

(2)保持环境相对湿度在80%以下。

(3)置于不易发生碰撞，不易被腐蚀和受电磁影响的环境中。

(4)正确安装在平稳且安全的地方。

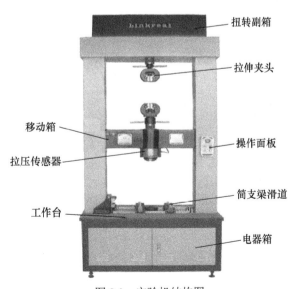

图9.1 实验机结构图

9.2　实验机结构组成

1. 实验机主体

实验机整体结构如图 9.1 所示，整体分为上下两部分，两个部分各司其职，上半部分主要完成拉伸扭转等实验，下半部分主要完成压缩、弯曲等实验。在工作台下面的是电器箱，其内部配备着电气控制系统。

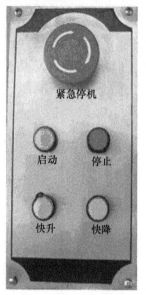

图 9.2　实验机操作面板

2. 实验机操作部分

如图 9.2 所示，操作面板上每个按钮的作用如下。

紧急停机：使设备立即断电。

启动：开启设备。

停止：停止设备运行。

快升：在开机后初始状态下，按"快升"按钮不放，横梁持续上升，松开按钮则横梁停止上升。

快降：在开机后初始状态下，按"快降"按钮不放，横梁持续下降，松开按钮则横梁停止下降。

3. 硬件部分

该设备的数据采集系统由硬件和软件两个部分组成。其中，PLC 及其扩展模块构成了它的硬件部分。在实验机的右侧还有测试通道面板，在进行其他实验时可将外在传感器用数据线与该面板连接，在实验时涉及系统的平衡时可用实验机配套的平衡调整盒进行手动平衡。

4. 软件部分

软件部分是一套"力尔实验系统"软件，在实验机旁边配备一台计算机，将该软件安装在该计算机上，在实验时只需打开电脑桌面上的"力尔实验系统"，依次单击"运行"、"进入"按钮，进入实验系统，然后选中所要进行的实验名称，填写相关参数，单击"启动"，开始数据采集直至采集完毕。

5. 实验机电路组成

此系列实验机的电路组成有三部分：加载电路、信号电路和控制电路。加载电路由两个用于供电的伺服电机组成，其一用于拉压实验供电，其二用于扭转实验供电。控制电路主要组成部分是主令、限位等开关。信号电路由两个电压值(24V 和 12V)的开关电源、PLC 以及各种传感器和数据采集等电路组成。

6. 数据采集通道

此系列实验在采集数据时使用的机内相关部分是 PLC 及其扩展模块，采集数据时按通道进行，每个通道采集对应的数据，该实验机的基本使用通道为 0 通道和 11 通道，分别是拉压和扭转传感器，其余 1～10 号通道用于使用者自行设计实验方案，进行一些特殊实验。此外，

在实验机机体上的"测试通道面板"（图9.3）上还有便利的信号输入接口，用户可直接通过
数据线将外部传感器与实验机连接，直接进行所需实验。

9.3　软 件 安 装

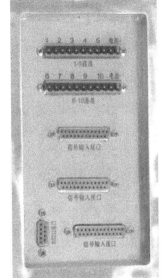

使用该软件之前需要先做以下五步工作。

(1)安装组态软件"力尔实验系统"。

软件使用之前确认系统是否已经安装"力尔实验系统"，力
尔实验系统的安装说明详见 D:\力尔实验系统\材料力学实验\说
明书\力尔实验系统的软件安装.doc。

(2)安装 Microsoft Office Access 2010。

安装"力尔实验系统"之后，确认安装的办公软件是否 Office
2010，并且安装时，需要安装 "Microsoft Office Access 2010"。

(3)连接数据库。

软件使用之前需要"连接数据库"，说明详见 D:\力尔实验系
统\材料力学实验\说明书\数据库连接.doc。

图 9.3　测试通道面板

(4)连接数据线。

使用软件的过程中，需要与 PLC 进行通信并且调节平衡，数据线的连接方法详见 D:\力
尔实验系统\材料力学实验\说明书\连接数据线.doc。

(5)插好加密狗。

将加密狗插到计算机的 USB 接口上。

9.4　软 件 使 用 说 明

(1)双击桌面■快捷键图标，启动"力尔实验系统"，进入"工程管理器"工作界面。

(2)单击"搜索"按钮，即会出现"浏览文件夹"界面，可以选择"D:\力尔实验系统\材
料力学实验"。选择完毕，单击"确定"按钮，此时，在"工程管理器"的界面上就会出现一
个工程行。

(3)单击"工程管理器"界面上的▓，进入"材料力学性能实验"软件系统的界面。

(4)单击"进入"按钮，即可进入软件操作的"实验须知"界面，单击"实验须知"界面
上的"操作"按钮，打开"操作板"工作栏。

(5)调节平衡：在低碳钢的拉伸实验过程中，为了能够更好地找到零点，提高实验数据的
准确性和可靠性，则需要在拉伸实验的初始对力尔 LCJ 实验机进行调节平衡，可以单击"操
作板"上的"夹头复位"按钮对实验机进行夹头复位操作。

(6)选择实验：单击"实验须知"界面上的"实验"按钮，接着单击"1 实验选择"按
钮；根据实验的具体情况，可以选择所需要的实验类型，依据本课题的情况，选择"04.拉
伸实验"。

(7)单击"04.拉伸实验"按钮后，进入"实验参数设定"界面，在该界面上填写个人基

本信息、试件的参数等，然后单击"下一步"按钮，进入"启动采集准备"界面；在仔细阅读"注意事项"后，单击"启动"按钮。

(8)再次仔细阅读操作界面上的"注意事项"，单击"启动"按钮，力尔实验系统的数据采集系统开始采集实验数据。

(9)结束实验，保存数据。

低碳钢的拉伸实验完成后，即试件被拉断，要停止数据的采集。单击数据采集界面上的"实验选择"按钮，在出现的下拉菜单中单击"4 停止采集"选项，实验系统就会自动保存拉伸实验数据和各个变量之间的关系曲线。

由于力尔实验系统自动保存的曲线格式为"csv"，因此，如果想要将各个变量之间的关系曲线保存为图片格式，方便之后参考，还需使用数据采集界面右上角的"曲线截屏"功能，从而可以将曲线一一截取到画图软件中，并单击"另存为"保存到指定文件夹中。

此时实验数据已自动保存在 D:\力尔实验系统\材料力学实验\实验数据库中，可以根据之前设置的文件名找到相应的实验数据，留以后用。

(10)重启实验。

在保存好拉伸实验数据后，如果要再次进行拉伸实验，则必须单击"实验选择"按钮，并在下拉菜单中单击"重启实验"，在弹出的对话框中单击"确定"按钮，然后进行下次拉伸实验。

以上就是在低碳钢拉伸实验中，力尔实验系统的基本操作过程。

9.5　开　始　实　验

(1)单击软件屏幕左上部"实验"→"常规方式"下的"实验选择"按钮，选择实验类别，按照提示进入"实验设定"画面，填写与本次实验相关"必选设置"项。

(2)设置完毕，单击此画面的"下一步"按钮，进入"启动采集准备"界面。

(3)单击"启动采集准备"界面中"启动"按钮，系统自动调整载荷零点。

(4)待自动调整零点后系统将自动进入实验采集状态。

(5)选择加载方式。

根据需要更改软件中加载速率大小(单击"移动横梁"调移动速度、单击"扭转夹头"调旋转速度)；

其他控制方法，如拉(压)力保持控制、拉扭 F/T 比例控制等：单击软件主页面"实验"→"实验控制"选择相应控制方式，按照提示设置相应项。

(6)数据保存。

非破坏实验：单击"实验"→"停止采集"→"确定"按钮保存实验曲线及数据。

破坏实验：自动跳出"系统停机通告"根据提示是否保存曲线及实验数据。

提示：默认数据保存路径 D:\实验数据库\实验名及实验类型……

(7)查看实验特性曲线、实验数据。

(8)结束实验。

软件主页单击"文件"→"退出系统"，退出力尔实验系统；依次关闭计算机、实验机电源，整理实验台。

第 10 章　材料力学多功能实验台

视频 10.1-材料力学多功能实验台介绍

10.1　实验台简介

1. 用途

如图 10.1 所示，多功能实验台是用于各理工科院校作材料力学电测法实验的装置，它将多种材料力学实验集中于一个台上进行，使用时稍加准备，即可进行教学大纲规定内容的多项实验。

2. 特点

实验台采用蜗杆机构以螺旋千斤顶方式进行加载，经传感器由数字测力仪测试出力的读数；各试件受力变形，通过应变片由电阻应变仪显示。整机结构紧凑，外形美观、加载稳定、操作省力，实验效果好，易于学生自己动手，有利于提高教学质量。该设备的潜力较大，还可根据需要，增设其他实验，实验数据也可由计算机处理。

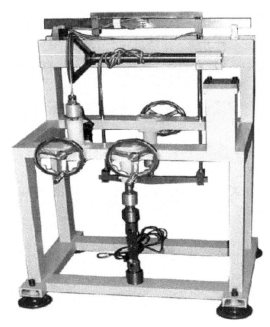

图 10.1　材料力学多功能实验台

3. 结构

该设备的架体设计采用封闭型钢及铸件配制而成，表面经喷漆处理，结构紧固耐用。蜗杆及螺旋机构为内藏式，从而使得机构紧凑。每项实验均配有精密镀铬试件和附件，每个实验台还配有工作柜，柜面可放置测试仪器，抽屉与中隔板放试件和附件。

4. 功能

(1)纯弯曲梁横截面上正应力的分布规律实验。

(2)电阻应变片灵敏系数的标定。

(3)材料弹性模量 E，泊松比的测定。

(4)偏心拉伸实验。

(5)弯扭组合受力分析。

(6)悬臂梁实验。

(7)压杆稳定实验。

10.2　主要技术指标与注意事项

1. 主要技术指标

(1)试件最大作用载荷 8kN。

(2)加载机构作用行程 55mm。

(3)手轮加载转矩 0～2.6N·m。

(4)加载速率 0.13mm/转(手轮)。

(5)本机重量 250kg。

(6)外形尺寸 850mm(长)×700mm(宽)×1170mm(高)。

2. 注意事项

(1)实验台初次使用时，应调节最下面四只底盘上的螺杆，将水平仪置于铸铁上支撑梁顶面调至水平，放上弯曲梁组件，使弯曲梁上两根加载杆处于自由状态，不碰到中间槽钢梁长槽两侧面。

(2)本设计蜗杆升降机构滑移移轴行程为 55mm，手轮摇至快到行程末端时应速度放缓，以免撞坏有关零件。

(3)注意所有实验进行完，应放松蜗杆，最好是拆下试件，以免闲人乱动机构损坏传感器与试件。

(4)所有实验加载时拉压力应小于 8kN。实验台连续使用一年，应松开轴承盖中心和上套筒下方螺丝，添加一次润滑。

第 11 章　应力应变综合参数测试仪

XL2118A/B 型应力/应变综合参数测试仪(图 11.1)，采用最新嵌入式 MUC 控制技术，通过精心设计将原来需要由两台仪器完成的工作由一台仪器有机结合到一起。可选配 RS-232C 串行接口与配套测试软件，可与绝大多数计算机连接，可方便地实现显示、存储、参数修正及生成测试报告的工作，组成一套静态应变测量虚拟仪器测试系统。该综合参数测试仪通过配接 CLDT-C 型材料力学多功能实验台，适合各类理工科大专院校做电测法实验使用。该综合参数测试仪采用 LED 同时显示，左侧显示所测力，右侧显示待测应变，两者同时并行工作且互不影响。测力部分通过对测量参数的正确设置，能适配绝大多数应变力(称重)传感器，测量精度高；应变测量部分采用现代应变测试中常用的预读数法自动桥路平衡的办法，增强学生对现代测试，尤其是虚拟仪器测试的基本概念和使用方法的了解。XL2118A(自动扫描速度 3 点/秒)，XL2118B(12 点/秒)，测量迅速准确。

视频 11.1-应力应变综合参数测试仪结构

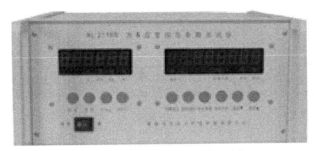

图 11.1　应力/应变综合参数测试仪

11.1　主要特点与技术指标

1. 特点

(1)全数字化智能设计，操作简单，使用方便。

(2)组桥方式全面，可组全桥、半桥、1/4 桥，适合各种力学实验。

(3)配接力传感器测量拉压力，传感器配接范围广。

(4)测点切换采用进口优质器件程控完成，减少因开关氧化引起的接触电阻变化对测试结果的影响。

(5)采用仪器上面板接线方式，接线简单方便；接线端子采用进口端子，接触可靠，不易磨损。

2. 主要技术指标

(1)测量范围：应变 $0 \sim \pm 19999 \mu\varepsilon$，拉压力测量适配满量程输出范围为 $1.000 \sim 3.000 \text{mV/V}$ 的拉压力应变传感器，能测 N、kN、kg、t(分辨率 $\pm 0.01\%$)。

(2)零点不平衡范围：$\pm 10000 \mu\varepsilon$。

（3）灵敏系数设定范围：1.00～3.00。

（4）自动扫描速度：XL2118A（自动扫描速度 3 点/秒），XL2118B（12 点/秒）。

（5）零点漂移：±3με/4h；±1με/℃。

（6）分辨率：1με。

（7）显示：应变 8 位 LED——2 位测点序号、6 位测量值，四个工作状态指示灯测力 6 位 LED，4 个测量单位指示灯 N/kN/t/kg。

（8）电源：（220±22）V，（50±1）Hz。

（9）基本误差：±0.2%F.S.±2 个字。

（10）应变测量方法：全桥、半桥、1/4 桥。

（11）桥压：DC2V。

（12）测点数：1 点测力，12 点应变。

（13）功耗：约 15W。

（14）外形尺寸：300mm×305mm×135mm（宽×深×高）便携机箱；深度含仪器把手。

11.2　桥路连接及加载测试

桥路分三种，分别连接 1/4 桥、半桥双臂和对臂（或四臂）全桥。

应注意以下几点：

只有 1/4 桥测试时将 BB_1 间的短接线连好，半桥和全桥测试时应将 B 与 B_1 之间的电气连接断开，否则可能会影响测试结果。同时，本测试仪不支持三种组桥方式的混接。B_1 为测量电桥的辅助接线端。

1. 1/4 桥接线方法

如图 11.2 所示，将两个应变片的导线分别连接到 1、2 两个通道的 AB 接线座上，将 B 和 B_1 接线座短接，接通温度补偿片，同时将桥路挡换到 1/4 桥。

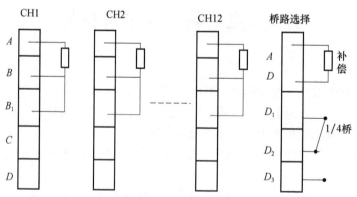

图 11.2　1/4 桥接线方法

2. 半桥双臂接线方法

如图 11.3 所示，将两应变片的导线分别接在同一通道的 AB 和 BC 接线座上断开 BB_1，同时去掉温补片，并将桥路挡换至半桥模式。

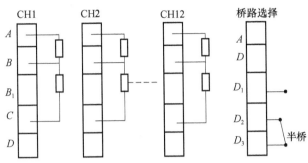

图 11.3　半桥双臂接线方法

3. 全桥接线方法

对臂桥路：将两个工作应变片接在 *AB* 和 *CD* 接线端座上，在 *BC* 和 *AD* 上接外接温补片，同时断开仪器上的温补片和桥路选择线。

四臂全桥：如图 11.4 所示，将 4 个工作应变片分别接在 4 个桥臂上。

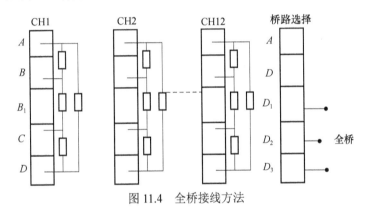

图 11.4　全桥接线方法

11.3　测量参数设定

根据实际测试需要接好桥路后，首先打开电源，预热 20min 后，如果实验环境、被测对象及测试方法均没有变动，就可直接进行实验，无须进行测量系数设定。因为上次实验设置的数据已被 XL2188A/B 存储到系统内部。

在仪器的手动状态、手动工作指示灯亮时，按下系数设定键后 LED 显示"SETUP"字样闪烁三次，进入灵敏系数设定状态。

仪器前面板上设计了 6 个键，键被定义成测量状态常用的 5 个功能。因此，为完成灵敏系数的设定工作，其中 4 个键在设定状态被重新定义(面板中未印出)，见表 11.1。

表 11.1　4 个键设定状态的重新定义

测量状态	灵敏系数设定状态
单点平衡	Esc 键，放弃灵敏系数的修改，并退出灵敏系数设定，返回测量状态
系数设定	存储键，存储当前设定的灵敏系数(1.00～3.00)，如所给数据未超出范围，则新灵敏系数生效并返回测量状态
通道减	从左到右循环移动闪烁位
通道增	循环递增闪烁位数值，从 0 到 9，到 9 后，再按则该位数值变为 0

修改灵敏系数时，使用"通道减"键可移动当前闪烁位，按"通道增"修改当前闪烁位的数值，修改完毕，按"系数设定"键。新灵敏系数生效；按"单点平衡"键则放弃修改数据。设置完毕，仪器返回手动状态。

注意：灵敏系数设置功能只能在仪器的手动测试状态进行。同时，本机设置灵敏系数范围为 1.00～3.00，出厂时 $K=2.00$。

11.4　各功能键使用说明

视频 11.2-应力应变测试仪使用步骤

（1）仪器预热 20min，同时应变测量系数 K 设定确认无误后，即可进行测试。

在测量状态下功能按键定义（左→右）如下：

① 系数设定键，按该键 3s 后进入应变片灵敏系数修正状态。灵敏系数设定完毕后自动保持，下次开机时仍生效。

② 自动测试键，在手动测量状态，按该键一次，则进入自动扫描测试状态。

③ 单点平衡键，在手动测量状态，对当前测点进行桥路自动平衡操作。

④ 自动平衡键，对本机全部测点自动扫描从第 01 号测点到 12 号测点进行全部测点的桥路自动平衡（预读数法）。平衡完毕后返回 01 号测点。

⑤ 通道减键，在手动测量状态，按键一次，当前测点序号减 1，并显示对应测点的应变值。

⑥ 通道增键，在手动测量状态，按键一次，当前测点序号增 1，并显示对应测点的应变值。

备注：考虑用户经费状况，XL211A/B 综合参数测试仪出厂标准配置中没安装储存测试数据功能的存储器。如经费允许，可选配。

无存储器对应下述两种 XL211A/B 自动扫描测试时的工作模式。

工作模式 1（无存储器）：该自动扫描速度较慢（1 点/13 秒），这样通过记录方式记录各测点应变值。退出自动扫描状态按"灵敏系数"键。

工作模式 2（有存储器）：该自动扫描速度为本机的最快速度。XL2118A 为 3 点/秒，XL2118B 为 12 点/秒，扫描完毕返回原态。之后由用户配备的相应软件读出并计算。

出厂标准配置为工作模式 1。

前面板应变测量工作状态指示灯定义（左→右）如下。

① με指示灯：在测试状态一直被点亮，表示应变测量的单位为微应变。

② 自动平衡指示灯：在所有测点进行桥路自动平衡时被点亮。

③ 自动指示灯：在进行自动扫描状态时被点亮。

④ 手动指示灯：在仪器手动测量状态时被点亮。

（2）在手动状态下（手动指示灯亮），按"自动平衡"键，可进行 12 个测点桥路自动平衡。此时，测点显示从 01 递增切换到 12，"自动平衡"指示灯同时点亮。完成自动平衡后，仪器返回手动状态 01 测点。

在测量中，如某测点桥路零点漂移，可在手动状态下按"单点平衡"键对当前通道进行平衡。

注意：因按"自动平衡"键将所有测量测点依次扫描进行平衡，为避免误操作，应按住该键 3s 以上，系统才会进行自动平衡。

(3) 手动状态时，按"通道增""通道减"键进行单步测量，按键一次增减当前测点序号，同时 LED 显示按键处理后的测点序号、测量值。

(4) 按"自动测试"键，仪器"自动"指示灯亮，XI2118 进入自动巡检状态，从当前通道开始进行循环测量(1 点/13 秒)。此时用户可不用按键就手动记录测量数据(自动扫描工作模式 1)，退出"自动测试"状态则按"系数设定"键返回手动测量。

(5) 应变测量与应力测量在本仪器中属于相对独立的两个功能模块，关于使用拉压力传感器部分请参见设备说明书中应力测量模块使用说明。

(6) 当 LED 显示"------"时，表示该测点输入过载或平衡失败，请检查应变片接线是否正常。

11.5　注意事项与操作步骤

1. 使用注意事项

1/4 桥测量时，测量片应与补偿片阻值、灵敏系数相同；同时温度系数也应尽量相同(选用同一厂家同一批号的应变片)。

接线时如采用线叉请旋紧螺丝；同时测量过程中不得移动测量导线。

长距离多点测量时，应选择线径、线长一致的导线连接测量片和补偿片。同时导线应采用绞合方式，以减少导线的分布电容。

2. 测试操作步骤

(1) 打开电源，按"标定"键(按 3s)先进行力传感器量程设置，设置后按"标定"键确认，进入力传感器灵敏度设置。

(2) 设置完后关机，再次开机，按"系数设定"键(按 3s)进行电阻应变片的灵敏度系数的设置。设置完后关机。

(3) 按不同的组桥方式进行接线，检查接线无误后，打开智能全数字式静态电阻应变仪电源开关，设置好参数，预热应变仪 20min 左右，测试前应先将载荷清零并对各使用通道进行单点平衡操作。

(4) 检查及试车：检查以上步骤完成情况，然后预加一定载荷，再卸载至初载荷以下，以检查实验台以及应变仪是否处于正常状态。

(5) 加载进行实验：缓慢匀速顺时针转动加载手轮，实验台采用蜗杆机构以螺旋千斤顶进行加载，经传感器由力应变综合参数测试仪测力部分测出力的大小。使试件下夹头夹紧后开始加载。将载荷加至初载荷，记下此时应变仪的读数或将读数清零，重复加载 2～3 次，选取合理数据进行计算处理。

第 12 章　声发射信号测试系统

12.1　测试系统的组成

声发射信号测试系统主要包括声发射仪、放大器、传感器，如图 12.1 所示。除此之外，实验还需要耦合剂和铅笔。

视频 12.1-声发射
技术介绍

视频 12.2-声发射
设备简介

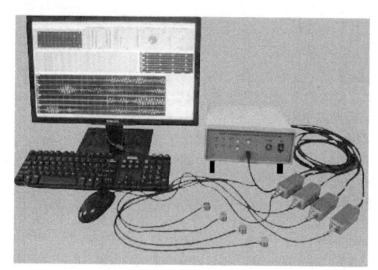

图 12.1　声发射信号测试系统

1. 声发射仪

该声发射仪有 8 个通道，采集数据通过率最高可达 60MB/s。采集的波信号具有波形完整、参数完整、平面和立体定位准确的特点，还可以长时间完整采集数据，技术指标见表 12.1，实物如图 12.2 所示。

表 12.1　声发射仪技术指标

型号	技术指标				
声发射仪	通道数	接口形式	A/D 转换精度	连续数据通过率	供电方式
	2、4、6、8	USB2.0	16 位	>48MB/s	外部 220V 供电
	输入信号范围	通道输入阻抗	A/D 转换非线性误差	使用温度范围	外参输入范围
	±10V	50Ω	±0.5LSB	10~50℃	±5V 或 ±10V

图 12.2　声发射仪

2. 放大器

放大器可以将传感器输出的电信号提高到一定程度，再通过电缆线传输给声发射仪进行数据分析，很大程度上降低了噪声信号对声发射有效信号的影响，技术指标见表 12.2，实物如图 12.3 所示。

表 12.2　声发射放大器技术指标

型号	技术指标			
放大器	分类 20/40/60dB	增益 10/100/1000	输入阻抗 ＞10MΩ	输出阻抗 50Ω
	带宽 20～1500kHz	接口类型 BNC 接口	输出噪声 26.4dB	使用温度范围 −20～60℃

3. 传感器

传感器是由压电元件、外壳、阻尼块、保护膜和陶瓷接触面组成的，主要作用是将所测信号转换为电信号输入给声发射信号处理系统，技术指标见表 12.3，实物如图 12.4 所示。

表 12.3　声发射传感器技术指标

型号	技术指标			
RS-2A	直径	高度	接口	频率范围
	18.8mm	15mm	M5-KY	50～400kHz
	外壳	检测面	中心频率	温度范围
	不锈钢	陶瓷	150kHz	−20～130℃

图 12.3　声发射放大器

图 12.4　声发射传感器

4. 耦合剂和铅笔

耦合剂是一种特制的硅脂。该种耦合剂具有材料适应性强，化学稳定性好，适用温度范围大(−50～＋220℃)的特点，具有润滑功能。适用于橡胶与金属间的润滑、绝缘和密封，如图 12.5 所示。

图 12.5　耦合剂和铅笔

铅笔可以用来模拟声源校准检测灵敏度，铅笔伸长长度约为 2.5mm，进行声速标定的断铅实验时铅笔头部与试件夹角保持在 30°左右，实验响应幅值取三次以上的平均值为准，如图 12.5 所示。

12.2　单轴压缩声发射实验步骤

下面以砂岩为例说明实验操作步骤。

1. 声速标定

（1）测量试件实际尺寸并记录，再选取试件的某一实验横截面，标定试件横截面上两点作为测试点，如图 12.6 所示。

（2）将耦合剂均匀涂抹在传感器接触面的转换器内，并将传感器放入转换器内，压实，保证接触面无空隙。再用强力胶将转换器均匀粘牢在试件表面测试点处。确定试件两个断铅位置点，一般分别为距离两个传感器内侧 5～10mm 处，如图 12.7 所示。

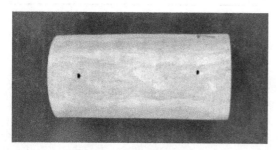

图 12.6　实验砂岩试件

图 12.7　砂岩线定位

（3）准备完成后打开软件，设置完成后，单击"采集"按钮，"采集信息列表"中会出现各个通道的噪声大小，观察噪声大小，控制环境噪声在 4mV 以下采集效果比较好。然后按一下声发射主机上的触发按钮"TRIGGER"，触发采集（这是设置中就选择的"外部触发"），如图 12.8 所示。

（4）在试件断铅位置点进行断铅，每个点断铅三次以上。将软件切换到"回放"窗口，单击"波形文件"，找到刚才采集的文件，在"采集注释信息"对断铅信号数据文件进行描述，"保存注释"，选中所需要波形文件，单击"打开"，如图 12.9 所示。

（5）选择"修改视窗属性"，选择"平面定位"，进行设置试件选择：下方选中"线定位"；试件大小和传感器位置："试件尺寸"根据画出的标尺定义，下面每个传感器的位置根据实际位置设定，声速标定使用的传感器为 1 和 5 通道传感器，于是在 1 和 5 传感器后面选勾。算法选择：一般选择"穷举法 1"，如图 12.10 所示。

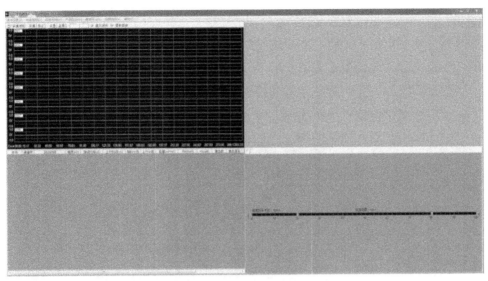

图 12.8　软件设置界面

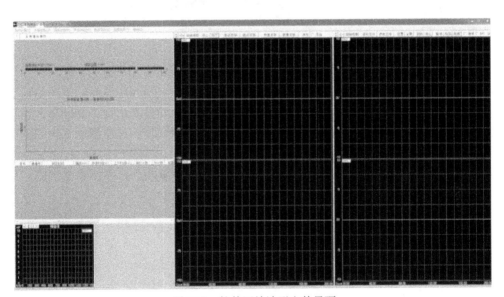

图 12.9　软件回放波形文件界面

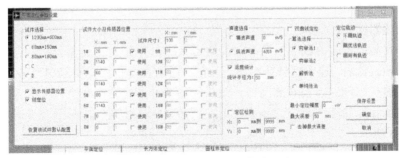

图 12.10　软件设置定位模型界面

(6) 设定结束后，单击"确定"，然后单击"回放"，观察定位点位置，此时由于声速是依据默认声速确定的，因此定位不会准确。选择一个典型的断铅声发射信号，"回放"观察是否是首波触发门限，红色竖线为触发线，在"回放波形窗口"（左下）可以调整触发线位置，调整到首波前端，观察定位点位置。触发线位置合适后，进行声速标定，如图 12.11 所示。

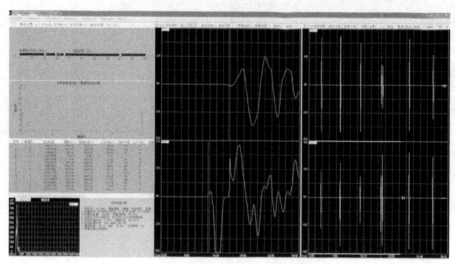

图 12.11　软件回放波性文件界面

　　（7）定位图中出现了定位点，才可以进行声速标定，如果没有出现定位点，可以在定位图中单击鼠标右键，选择"修改视窗属性"，选择"平面定位"，修改所选择的声速，设置小一些，单击"确定"，回到窗口，单击"回放"，观察定位点，如果不出现，继续修改声速，直到出现定位点。然后，在定位图中，单击右键，选择"声速标定"：传感器选择使用的两个传感器通道，"声源位置"是真实断铅位置，单击"计算声速"，得到此时的声速，然后单击"设为纵波波速"，单击"返回"。如果各个定位点与实际断铅位置吻合，那么声速标定正确，如图 12.12 所示。

图 12.12　软件声速标定界面

2. 布置传感器探头

　　选取一个实验准备好的试件，将耦合剂均匀涂抹在其余 6 个传感器接触面转换器内，并将传感器放入转换器内，压实保证接触面无空隙。再用强力胶将转换器均匀粘牢在试件表面，粘放位置为声速标定测定点相同高度处。然后每隔 90°方向粘牢一个声发射探头，从而实现试样声发射检测信号的三维定位，并依次用外部参数转接线连接传感器及其对应的放大器通道，如图 12.13 所示。

3. 安放试件

　　将粘放 8 个声发射传感器的试件放置于力尔 LCJ 电子实验机承压板中心，使得试件两端面接触平稳，接着将声发射通道转接线依次接到声发射仪对应放大器通道，如图 12.14 所示。

图 12.13　粘放 8 个传感器的砂岩试件

图 12.14　放置砂岩试件

4. 测定环境噪声

设置实验试件标准规格模型，设置触发方式为外部触发，在实验开始之前，先单击采集波形窗口的"采集"键，起到测定声发射设备正常启用后的环境噪声的作用，然后根据噪声大小设置声发射滤波器的门槛值，根据经验一般将声发射滤波器的门槛值设定为中级灵敏度 40dB，通过测定环境噪声可以避免实验设备及环境噪声的影响，一般认为噪声保持在 4mV 以内为采集最佳状态，如图 12.15 所示。

5. 按照实验方案加载并采集数据

材料实验机对力清零，并启动材料电子实验机，单击软件界面的"轴向快降"键，实现材料电子实验机相对快速下降，在试验机压头将要接触试件表面前时，按照实验方案列表的加载速率方案内容迅速调整软件界面的加载速率值的大小，接着用拇指按一下声发射仪上的"TRIGGER"红色按钮，也就是外部触发按钮，实现开始采集声发射仪信号。采用外部触发的方式来控制声发射信号采集开始点的目的是实现材料电子实验机压缩加载的力学参数采集系统和声发射实验仪器的声发射信号采集系统两者同步。其后续压缩加载按照上述加载方案逐一加载试件，保持整个压缩过程连续直到试件压缩破坏，如图 12.16 所示。

图 12.15　软件测试环境噪声界面

图 12.16　实验全景图

第13章 电子引伸计

13.1 引伸计结构及工作原理

引伸计是感受试件变形的传感器。应变计式引伸计由于原理简单、安装方便，是目前广泛使用的一种类型，如图 13.1 所示。根据测量对象，引伸计可分为轴向引伸计、横向引伸计和夹式引伸计。

（a）测试薄板　　　　（b）测试圆柱形

图 13.1　引伸计

1. 轴向引伸计

轴向引伸计由应变片、变形传递杆、弹性元件、限位标距杆、刀刃和夹紧弹簧等构成。测量变形时，将引伸计装卡于试件上，刀刃与试件接触而感受两刀刃间距内的伸长，通过变形杆使弹性元件产生应变，应变片将其转换为电阻变化量，再用适当的测量放大电路转换为电压信号。

2. 横向引伸计

用于检测标准试件径向收缩变形和泊松比。它与轴向引伸计配合用来测定泊松比 μ。它将径向变形（或横向某一方向的变形）变换成电量，再通过二次仪表测量、记录或控制另一设备。

3. 夹式引伸计

用于检测裂纹张开位移。夹式引伸计是断裂力学实验中最常用的仪器之一，它较多地用在测定材料断裂韧性实验中。精度高，安装方便，操作简单。试件断裂时引伸计能自动脱离试件，适合静、动变形测量。

13.2 引伸计使用方法

（1）将定位销插入定位孔内。

（2）用两个手指夹住引伸计上下端部，将上下刀口中点接触试件（试件测量部位）用弹簧卡或皮筋分别将引伸计的上下刀口固定在试件上。

（3）取下标距卡，取下定位销，（切记，实验前必须检查，以免造成引伸计损坏）。

（4）在实验机控制软件"实验条件选择"界面，选择变形测量方式：选择曲线跟踪方式为载荷-变形曲线。

（5）引伸计信号显示调零。

（6）根据测量变形的大小选择放大器衰减挡。一般塑料厂家力量选为 1t 以下，金属厂家选 10t 铜棒铝管力量较大。

第14章 百分表

如图 14.1 所示，百分表是利用精密齿条齿轮机构制成的表式通用长度测量工具。百分表是美国的 B.C.艾姆斯于 1890 年制成的。常用于形状和位置误差以及小位移的长度测量。百分表的圆表盘上印制有 100 个等分刻度，即每一分度值相当于量杆移动 0.01mm。若在圆表盘上印制有 1000 个等分刻度，则每一分度值为 0.001mm，这种测量工具即称为千分表。改变测头形状并配以相应的支架，可制成百分表的变形品种，如厚度百分表、深度百分表和内径百分表等。如用杠杆代替齿条可制成杠杆百分表和杠杆千分表，其示值范围较小，但灵敏度较高。此外，它们的测头可在一定角度内转动，能适应不同方向的测量，结构紧凑；适用于测量普通百分表难以测量的外圆、小孔和沟槽等的形状和位置误差。

图 14.1　百分表

14.1　百分表的构造和工作原理

1. 百分表的构造

百分表的构造主要由三个部件组成：表体部分、传动系统、读数装置，通常由测头、量杆、防振弹簧、齿条、齿轮、游丝、圆表盘及指针等组成(图 14.2)。百分表的布局较简略，传动组织是齿轮系，外廓尺度小，质量轻，传动组织慵懒小，传动比较大，可采用圆周刻度，并且有较大的丈量规模，不仅能做比较丈量，也能做肯定丈量。

2. 百分表的工作原理

百分表是将被测尺寸引起的测杆微小直线移动，经过齿轮传动放大，变为指针在刻度盘上的转动，从而读出被测尺寸的大小。利用齿条齿轮或杠杆齿轮传动，将测杆的直线位移变为指针角位移的计量器具，常用的刻度值为 0.01mm，百分表不能单独使用，通过表架将其夹持后使用。它不仅用于测量，还可以用于某些机械设备的定位读数装置。百分表是一种精度较高的比较量具，它既能测出相对数值，也能测出绝对数值，主要用于测量形状和位置误差，也可用于机床上安装工件时的

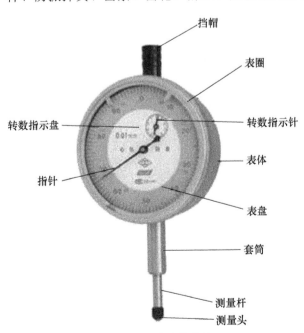

图 14.2　百分表的构造

挡帽

表圈

转数指示盘

转数指示针

表体

指针

表盘

套筒

测量杆

测量头

精密找正。百分表的读数准确度为 0.01mm。如图 14.3 所示，当测量杆 1 向上或向下移动 1mm 时，通过齿轮传动系统带动大指针 5 转一圈，小指针 7 转一格。刻度盘在圆周上有 100 个等分格，各格的读数值为 0.01mm。小指针每格读数为 1mm。测量时指针读数的变动量即为尺寸变化量。刻度盘可以转动，以便测量时大指针对准零刻线。百分表分度值为 0.01mm，测量范围为 0~3mm、0~5mm、0~10mm。

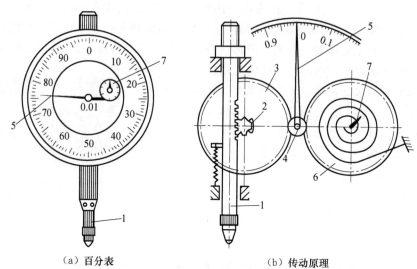

（a）百分表　　　　　　　　　　（b）传动原理
1-测量杆；2，3，4，6-齿轮；5-大指针；7-小指针
图 14.3　百分表的传动原理

14.2　百分表的检查和读数方法

1. 百分表的检查

（1）检查外观：检查表面是否透明，不允许有破裂和脱落现象，后封盖要封得严密，测量杆、测头、装夹套筒等活动部位不得有锈迹，表圈转动应平稳，静止要可靠。

（2）检查指针灵敏度：推动测量杆，测量杆的上下移动应平稳，灵活，无卡住现象，指针与表盘不得有摩擦现象，字盘无晃动现象。

（3）检查稳定性：推动侧杆 n 次，观察指针是否回到原位，其允许误差不超过 ± 0.003mm。

2. 百分表的读数方法

图 14.4　百分表的读数

百分表的读数方法为：先读小指针转过的刻度线（即毫米整数），再读大指针转过的刻度线并估读一位（即小数部分），并乘以 0.01，然后两者相加，即得到所测量的数值。

如图 14.4 所示百分表的数值为：

（1）读小指针转过的刻度线（即毫米整数），为 1mm。

（2）读大指针转过的刻度线（即小数部分），并乘以 0.01，即为 $50 \times 0.01 = 0.5$（mm）。

（3）总读数为 1.5mm。

14.3 使用注意事项和主要应用

1. 百分表使用的注意事项

(1)使用前,应检查测量杆活动的灵活性。即轻轻推动测量杆时,测量杆在套筒内的移动要灵活,没有任何轧卡现象,每次手松开后,指针能回到原来的刻度位置。

(2)使用时,必须把百分表固定在可靠的夹持架上。切不可贪图省事,随便夹在不稳固的地方,否则容易造成测量结果不准确,或摔坏百分表。

(3)测量时,不要使测量杆的行程超过它的测量范围,不要使表头突然撞到工件上,也不要用百分表测量表面粗糙度或有显著凹凸不平的工作面。

(4)测量平面时,百分表的测量杆要与平面垂直,测量圆柱形工件时,测量杆要与工件的中心线垂直,否则,将使测量杆活动不灵或测量结果不准确。

(5)为方便读数,在测量前一般都让大指针指到刻度盘的零位。

2. 百分表的主要应用

百分表一个非常重要的应用就是测量形状和位置误差等,如圆度、圆跳动、平面度、平行度、直线度等,利用百分表来测量机械形位误差有个非常简单且高效率的方法,就是可以直接利用数据分析仪连接百分表来测量,无须人工读数,数据分析仪软件可对百分表数据进行采集及分析,并计算出各测量结果,可以大大提高测量效率。测量示意图如下:

(1)用手转动表盘,如图 14.5 所示,观察大指针能否对准零位(图 14.6)。

(2)观察百分表指针的灵敏度,如图 14.7 所示,用手指轻抵表杆底部,观察表针是否动作灵敏;松开之后,能否回到最初的位置。

图 14.6 大指针回到零位

图 14.5 转动表盘

图 14.7 观察百分表指针的灵敏度

第15章 实验数据处理方法

15.1 时 域 分 析

时域是物理信号或数学函数与时间之间关系的描述。

时域信号是指以时间为自变量的测量数据，是未进行处理的原始信号。设所采集信号的样本数据为 $x_i(t)$ $(i=1,2,\cdots,N)$，则可采用下列方法分析样本数据。

(1)平均值为

$$\overline{x} = \frac{1}{N}\sum_{i=1}^{N} x_i$$

式中，N 为样本数量(长度)，平均值体现数据的总体趋势，表达信号的变化。

(2)均方值为

$$X = \frac{1}{N}\sum_{i=1}^{N} x_i^2$$

均方是反映所采集信号的平均能量。

(3)均方根(RMS)为

$$X = \sqrt{\frac{1}{N}\sum_{i=1}^{N} x_i^2}$$

均方根指均方值的正平方根，表示信号的平均能量。

(4)方差为

$$\sigma^2 = \frac{1}{N}\sum_{i=1}^{N} (x_i - \overline{x})^2$$

式中，$\overline{x}$ 为信号样本均值。方差反映信号的波动大小。

15.2 频 域 分 析

将信号的时域描述通过数学处理变换为频域的方法称为频域分析。根据信号的性质及变换方法不同，可以有不同的表达形式，如幅值谱、相位谱、功率谱、幅值谱密度、能量谱密度、功率谱密度等。

1. 幅频谱和相位谱

频谱：

$$X(\omega) = \int_{-\infty}^{\infty} x(t)e^{-j\omega t}dt$$

相位谱：

$$\phi(\omega) = \arctan \frac{\int_{-\infty}^{\infty} x(t)\sin(\omega t)\mathrm{d}t}{\int_{-\infty}^{\infty} x(t)\cos(\omega t)\mathrm{d}t}$$

频谱函数的模 $|X(\omega)|$ 即为 $x(t)$ 的幅度频谱，简称频谱。

2. 功率谱

自功率谱值：

$$S_x(\omega) = |F(\omega)|^2 = \int_{-\infty}^{\infty} R_x(\tau)\mathrm{e}^{-\mathrm{j}\omega t}\mathrm{d}t$$

式中，$R_x(\tau)$ 为自相关函数。

互功率谱：

$$S_{xy}(\omega) = \int_{-\infty}^{\infty} R_{xy}(\tau)\mathrm{e}^{-\mathrm{j}\omega t}\mathrm{d}t$$

式中，$R_{xy}(\tau)$ 为互相关函数。

自功率谱密度函数决定时域信号 $x(t)$ 的能量分布，与自功率谱不同，互功率谱可以提供相位信息，分辨相同频率的不同信号。

15.3　一元线性回归

回归分析：是处理变量之间相关关系的统计方法。

回归分析的作用：寻找隐藏在随机性后面的统计规律。

回归分析的主要内容：确定回归方程，得到变量之间近似的函数关系式，检验回归方程的显著(可信)性，并对实验结果进行预测。

15.3.1　一元线性回归方程的建立

设有一组实验数据(表 15.1)，若 x、y 符合线性关系，则将 y 与 x 内在联系的总体一元线性数学模型记为

$$y = \beta_0 + \beta x$$

表 15.1　实验数据

自变量 x	x_1	x_2	...	x_n
因变量 y	y_1	y_2	...	y_n

由于因变量的实际观测值总是带有随机误差，因此实际观测值 y_i 可表示为

$$y_i = \beta_0 + \beta x_i + \varepsilon_i, \quad i = 1, 2, \cdots, n$$

式中，β_0 和 β 为未知参数；ε_i 为相互独立且服从 $N(0, \sigma^2)$ 分布的随机变量。这就是一元线性回归数学模型。

一元线性回归分析的首要任务就是根据样本观测值对一元线性数学模型 $y = \beta_0 + \beta x$ 中的 β_0、β 做出估计，由此可得估计值 $\hat{y}_i$：

$$\hat{y}_i = a + bx_i$$

式中，a和b为回归系数；$\hat{y}_i$为回归值/拟合值，该式即为y关于x的一元线性回归方程。

注：估计值$\hat{y}_i$与实验值y_i不一定相等，$\hat{y}_i$与y_i之间的偏差称为残差：$e_i = y_i - \hat{y}_i$。

15.3.2　最小二乘原理

最小二乘法(又称最小平方法)是一种数学优化技术，它通过最小化误差的平方和寻找数据的最佳函数匹配。利用最小二乘法可以简便地求得未知的数据，并使得这些求得的数据与实际数据之间残差的平方和最小。

最小二乘法的原则是以"残差平方和最小"确定直线位置。

统计学上有很多回归参数估计方法，但最常用的是普通最小二乘法，即回归估计值$\hat{y}_i$与实验值y_i偏差的平方和(残差平方和)Q最小，即

$$Q = \sum_{i=1}^{n} e_i^2 = \sum_{i=1}^{n}(y_i - \hat{y}_i)^2 = \sum_{i=1}^{n}[y_i - (a + bx_i)]^2 = 最小$$

残差平方和最小时，回归方程与实验值的拟合程度最好。

根据微积分学中的极值原理，求残差平方和极小值：

$$\begin{cases} \dfrac{\partial Q}{\partial a} = -2\sum_{i=1}^{n}(y_i - a - bx_i) = 0 \\ \dfrac{\partial Q}{\partial b} = -2\sum_{i=1}^{n}(y_i - a - bx_i)x_i = 0 \end{cases}$$

整理得到关于a、b的正规方程组：

$$\begin{cases} na + b\sum_{i=1}^{n} x_i = \sum_{i=1}^{n} y_i \\ a\sum_{i=1}^{n} x_i + b\sum_{i=1}^{n} x_i^2 = \sum_{i=1}^{n} x_i y_i \end{cases}$$

解正规方程组，可得

$$\begin{cases} b = \dfrac{n\sum_{i=1}^{n} x_i y_i - \left(\sum_{i=1}^{n} x_i\right)\left(\sum_{i=1}^{n} y_i\right)}{n\sum_{i=1}^{n} x_i^2 - \left(\sum_{i=1}^{n} x_i\right)^2} = \dfrac{\sum_{i=1}^{n} x_i y_i - n\overline{x}\,\overline{y}}{\sum_{i=1}^{n} x_i^2 - n(\overline{x})^2} \\ a = \overline{y} - b\overline{x} \end{cases}$$

简算法为

$$\begin{cases} L_{xx} = \sum_{i=1}^{n}(x_i - \overline{x})^2 = \sum_{i=1}^{n} x_i^2 - n(\overline{x})^2 \\ L_{xy} = \sum_{i=1}^{n}(x_i - \overline{x})(y_i - \overline{y}) = \sum_{i=1}^{n} x_i y_i - n\overline{x}\,\overline{y} \\ b = \dfrac{L_{xy}}{L_{xx}} \\ a = \overline{y} - b\overline{x} \end{cases}$$

以上各式中，$\overline{x}$和$\overline{y}$代表样本x_i、y_i的平均值。

根据经验公式建立回归方程，采用最小二乘法的步骤如下：

(1)根据实验数据画出散点图。

(2)确定经验公式的函数类型。

(3)通过最小二乘法得到正规方程组。

(4) 求解正规方程组，得到回归方程表达式。

15.4　多元线性回归

在解决实际问题时，往往是多个因素都对实验结果有影响，这时可以通过多元回归分析求出实验指标（因变量）y 与多个实验因素（自变量）$x_i = (i=1,2,\cdots,m)$ 之间的近似 $y = f(x_1, x_2, \cdots, x_m)$。多元线性回归分析基本原理和方法与一元线性回归分析相同，也是根据最小二乘法，但计算量较大。

设实验指标（因变量）为 y，实验因素（自变量）共有 m 个，记为 $x_i(i=1,2,\cdots,m)$，假设已通过实验测得 n 组数据为

$$(x_{11}, x_{21}, \cdots, x_{i1}, \cdots, x_{m1}, y_1)$$
$$(x_{12}, x_{22}, \cdots, x_{i2}, \cdots, x_{m2}, y_2)$$
$$\cdots$$
$$(x_{1j}, x_{2j}, \cdots, x_{ij}, \cdots, x_{mj}, y_j)$$
$$\cdots$$
$$(x_{1n}, x_{2n}, \cdots, x_{in}, \cdots, x_{mn}, y_n)$$

则多元线性回归方程可表示为

$$\hat{y} = a + b_1 x_1 + b_2 x_2 + \cdots + b_m x_m$$

式中，a 为常数项，$b_i(i=1,2,\cdots,m)$ 称为 y 对 $x_i(i=1,2,\cdots,m)$ 的偏回归系数。与一元线性回归相似，根据最小二乘法原理，令多元线性回归方程的残差平方和最小，可求得 a 和 $b_i(i=1,2,\cdots,m)$。

多元线性回归方程的残差平方和可表示为

$$S_e = \sum_{i=1}^{n}(y_i - \hat{y}_i)^2 = \sum_{i=1}^{n}(y_i - a - b_1 x_1 - b_2 x_2 - \cdots - b_m x_m)^2$$

根据微分学中多元函数求极值的方法，若使 S_e 最小，则应有

$$\begin{cases} \dfrac{\partial S_e}{\partial a} = -2\sum_{j=1}^{n}(y_j - a - b_1 x_{1j} - b_2 x_{2j} - \cdots - b_m x_{mj}) = 0 \\ \dfrac{\partial S_e}{\partial b_i} = -2\sum_{j=1}^{n}[x_{ij}(y_j - a - b_1 x_{1j} - b_2 x_{2j} - \cdots - b_m x_{mj})] = 0 \quad i=1,2,\cdots,m \end{cases}$$

由此可得如下正规方程组：

$$\begin{cases} na + \left(\sum_{j=1}^{n} x_{1j}\right) b_1 + \left(\sum_{j=1}^{n} x_{2j}\right) b_2 + \cdots + \left(\sum_{j=1}^{n} x_{mj}\right) b_m = 0 \\ \left(\sum_{j=1}^{n} x_{1j}\right) a + \left(\sum_{j=1}^{n} x_{1j}^2\right) b_1 + \left(\sum_{j=1}^{n} x_{1j} x_{2j}\right) b_2 + \cdots + \left(\sum_{j=1}^{n} x_{1j} x_{mj}\right) b_m = \sum_{j=1}^{n} x_{1j} y_j \\ \left(\sum_{j=1}^{n} x_{2j}\right) a + \left(\sum_{j=1}^{n} x_{2j} x_{1j}\right) b_1 + \left(\sum_{j=1}^{n} x_{2j}^2\right) b_2 + \cdots + \left(\sum_{j=1}^{n} x_{2j} x_{mj}\right) b_m = \sum_{j=1}^{n} x_{2j} y_j \\ \qquad\qquad \vdots \\ \left(\sum_{j=1}^{n} x_{mj}\right) a + \left(\sum_{j=1}^{n} x_{mj} x_{1j}\right) b_1 + \left(\sum_{j=1}^{n} x_{mj} x_{2j}\right) b_2 + \cdots + \left(\sum_{j=1}^{n} x_{mj}^2\right) b_m = \sum_{j=1}^{n} x_{mj} y_j \end{cases}$$

解此正规方程组，即可求得 a 和 $b_i(i=1,2,\cdots,m)$。

注：为使正规方程组有解，要求 $m\leqslant n$，即自变量的个数不应大于实验次数。

如果令

$$\overline{x}_i = \frac{1}{n}\sum_{j=1}^{n} x_{ij}, \quad i=1,2,\cdots,m$$

$$\overline{y} = \frac{1}{n}\sum_{j=1}^{n} y_j, \quad i=1,2,\cdots,m$$

$$L_{ik} = L_{ki} = \sum_{j=1}^{n}(x_{ij}-\overline{x}_i)(x_{kj}-\overline{x}_k) = \sum_{j=1}^{n} x_{ij}x_{kj} - \frac{1}{n}\sum_{j=1}^{n} x_{ij}\sum_{j=1}^{n} x_{kj}, \quad i,k=1,2,\cdots,m$$

$$L_{iy} = \sum_{j=1}^{n}(x_{ij}-\overline{x}_i)(y_j-\overline{y}) = \sum_{j=1}^{n} x_{ij}y_j - \frac{1}{n}\sum_{j=1}^{n} x_{ij}\sum_{j=1}^{n} y_j, \quad i=1,2,\cdots,m$$

则上述正规方程组可简化为

$$a = \overline{y} - b_1\overline{x}_1 - b_2\overline{x}_2 - \cdots - b_m\overline{x}_m$$

$$\begin{cases} L_{11}b_1 + L_{12}b_2 + \cdots + L_{1m}b_m = L_{1y} \\ L_{21}b_1 + L_{22}b_2 + \cdots + L_{2m}b_m = L_{2y} \\ \vdots \\ L_{m1}b_1 + L_{m2}b_2 + \cdots + L_{mm}b_m = L_{my} \end{cases}$$

以矩阵形式表示为：

$$L = \begin{bmatrix} L_{11} & L_{12} & \cdots & L_{1m} \\ L_{21} & L_{22} & \cdots & L_{2m} \\ \vdots & \vdots & & \vdots \\ L_{m1} & L_{m2} & \cdots & L_{mm} \end{bmatrix}, \quad B = \begin{bmatrix} b_1 \\ b_2 \\ \vdots \\ b_m \end{bmatrix}, \quad F = \begin{bmatrix} L_{1y} \\ L_{2y} \\ \vdots \\ L_{my} \end{bmatrix}$$

$$LB = F, \quad B = L^{-1}F$$

若将矩阵 L^{-1} 元素记为 $c_{ik}(i,k=1,2,\cdots,m)$，则回归系数为

$$b_i = \sum_{k=1}^{m} c_{ik}L_{ky}$$

15.5　相　关　系　数

相关系数：表示两个相关变量 x、y 间线性相关程度和性质的统计量。

决定系数：

$$r^2 = \frac{\sum(\hat{y}-\overline{y})^2}{\sum(y-\overline{y})^2}$$

决定系数的大小反映回归方程估测的可靠程度，或者说表示回归直线拟合度，$0\leqslant r^2\leqslant 1$。

由于决定系数介于 0 和 1 之间，不能反映直线关系的性质——是同向增减还是异向增减。

对决定系数 r^2 求平方根，所得的统计量 r 称为 x 与 y 的相关系数：

$$r = \frac{\sum xy - \dfrac{\sum x \sum y}{n}}{\sqrt{\left[\sum x^2 - \dfrac{\left(\sum x\right)^2}{n}\right]\left[\sum y^2 - \dfrac{\left(\sum y\right)^2}{n}\right]}}$$

r 既表示 y 与 x 的直线相关程度，又表示直线相关的性质。由于 $0 \leqslant r^2 \leqslant 1$，因此 $-1 \leqslant r \leqslant 1$，表明相关系数 r 的取值范围在 -1 到 $+1$ 之间，当 $|r|=1$ 时，所有点均在一条直线上，此时 x 与 y 完全直线相关。r 正、负号表示直线的方向，r 绝对值表示相关的密切程度。r 绝对值越接近于 1，则两个变量相关越密切，观测点越接近于一直线；r 的绝对值越接近于 0，则相关越不密切，观测点不能由直线来配置。

第4篇 实验实践

第16章 基础性实验

本章共介绍六个实验：金属材料的拉伸实验、压缩实验、金属材料的弹性模量测试、扭转实验、纯弯曲梁的正应力实验，因为电阻应变测量法在工程实际中应用很广泛，所以把应变片的粘贴实验也作为基础性实验列出。

实验一 金属材料的拉伸实验

视频 16.1-低碳钢的拉伸实验（上） 视频 16.2-低碳钢的拉伸实验（下） 视频 16.3-铸铁拉伸实验（上） 视频 16.4-铸铁拉伸实验（下）

一、实验简介

拉伸实验是材料力学中最基本的实验。特别是塑性较好、强度不太高的低碳钢材料，利用拉伸实验能够较全面地显示材料的力学响应、弹性变形，塑性变形和颈缩断裂等。在材料及机械设计手册中，都首先使用材料拉抻实验指标来表征材料的力学性能。这些性能指标是新材料的研制开发以及各类工程的鉴定、设计、分析、计算、材料选择和科学研究中最主要的一类数据。通常，材料静载单轴拉伸实验是指利用材料实验机在非腐蚀环境中进行的常温、速率缓慢平稳的拉力加载实验。

二、实验目的

(1)测定低碳钢的屈服极限σ_s、强度极限σ_b、延伸率δ、断面收缩率ψ。

(2)测定铸铁的强度极限σ_b。

(3)观察上述两种材料在拉伸过程的各种现象，绘制拉伸曲线。

(4)比较低碳钢和铸铁在拉伸时的力学性能特点与试件破坏特征。

三、实验设备及试件

①电子式拉扭实验机(WDD-LCJ)；②游标卡尺和钢尺；③低碳钢、铸块。

四、实验原理

1. 实验原理简介

实验机的数据采集系统可以描绘出拉力-变形(P-Δl)曲线(图 1、图 2),由此,得到应力-应变(σ-ε)曲线(图 3)。

同一种材料的拉力-变形(P-Δl)曲线可因试件尺寸的不同而各异。即不同尺寸试件拉断后的 P-Δl 曲线,是各不相同的。为了消除试件尺寸对力-变形曲线的影响,把载荷除以试件原始横截面面积,把变形除以原始标距长度,转化后得到应力-应变曲线,用来表征材料的属性。由图 3 可看出,表征材料力学性能的四个阶段清晰可见:弹性阶段、屈服阶段、强化阶段、颈缩阶段。而图 4 所示的铸铁拉伸曲线没有明显的直线阶段,变形小,无屈服和颈缩现象。

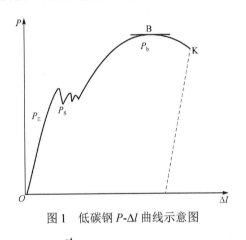

图 1　低碳钢 P-Δl 曲线示意图

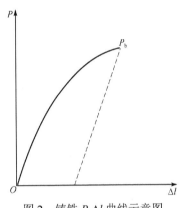

图 2　铸铁 P-Δl 曲线示意图

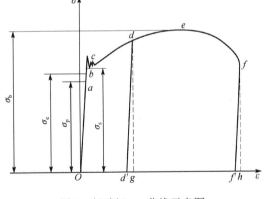

图 3　低碳钢 σ-ε 曲线示意图

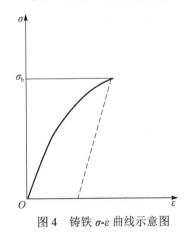

图 4　铸铁 σ-ε 曲线示意图

2. 实验试件

材料的实验试件必须按国家统一标准(简称国标 GB/T 228—2002),即《金属材料室温拉伸试验方法》的规定制备,这是为了使实验结果具有可比性。

试件的示意图如图 5 示。

图中在等直径段内的长度 l_0 称为标距,也称为计算部分,是试件受试部分的主体。两端夹持部分是实验机夹头夹紧的部位,过渡部分是为了从夹持部分较大的直径通过圆弧过渡后,使标距部分消除应力集中而受力均匀。夹持部分和过渡部分的尺寸,视实验机夹头的类型和试件的截面形状而定。

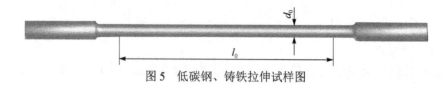

图 5　低碳钢、铸铁拉伸试样图

拉伸试件分为比例试件和非比例试件两种。比例试件按公式 $l_0 = k\sqrt{A_0}$ 制作。式中，A_0 为试件标距部分原始横截面积；长试件时 k=11.3，短试件时 k=5.65 或 5。若为圆截面试件，由公式知，短试件 l_0=5d_0，长试件 l_0=10d_0，d_0 为圆形试件标距部分原始直径。根据国标 GB/T 228—2002，比例试件列表如下：

比例试件	一般标距 l_0/mm	圆截面标距 l_0/mm	对应伸长率符号	断面收缩率符号
长试件	11.3 $\sqrt{A_0}$（A_0 任意）	10d_0（d_0 任意）	δ_{10}	ψ_{10}
短试件	5.65 $\sqrt{A_0}$（A_0 任意）	5d_0（d_0 任意）	δ_5	ψ_5

对试件的公差、粗糙度等的要求可查看国家标准 GB/T 228—2002。非比例试件的 l_0 与 A_0 间无以上规定。

五、实验步骤

1. 试件操作要求

(1)试件准备：采用标准圆截面拉伸试件(长试件或短试件)，试件的形状及尺寸见图5。取 l_0=10d_0，d_0=10mm。

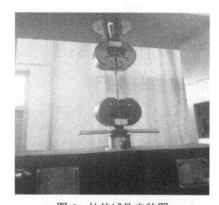

图 6　拉伸试件安装图

(2)量取试件直径：应用游标卡尺在标距长度的中央和两端的截面处，按两个垂直的方向测量直径，取其算术平均值，选用三处截面中最小值为 d_0，并立即记入实验报告。

2. 试件的安装

(1)首先安装好上下拉伸夹头。

(2)将试件长度与实验机两拉伸夹头间距离进行比较，然后调整两夹头距离适合装入试件后，再将试件装入。如图6所示。

3. 准备数据采集系统

(1)启动计算机。

(2)启动材料力学实验软件。

(3)按照程序规定的实验步骤具体操作(参见软件中说明)。

4. 数据采集过程中

(1)一边观察实验机上试件标距范围内沿轴向变形的情况，一边注意屏幕显示的实验曲线变化情况。

(2)低碳钢试件拉断需时较长，铸铁试件拉断需时较短，试件断裂后即可存储曲线数据，存储实时曲线数据。

5. 实验停机完毕后

1)取下断裂试样

(1)观察试样的断口形状(图7)。

(2)对上茬口后，观察并量测标距及直径的尺寸变化，首先量取被拉长的"l_0"并记录在实验报告里 $l_1=$＿＿，其次量取断裂处变细了的"d_0"并记录在实验报告里 $d_1=$＿＿。

（a）低碳钢拉伸试件断口

（b）铸铁拉伸试件断口

图 7　拉伸试件断口形式图

2）填写报告

填写实验报告，回放曲线数据。

6. 退出实验

①退出数据采集软件系统；②关闭计算机；③关闭实验机电源；④清理现场。

六、实验数据处理

根据实验中得到的图线，测定低碳钢的屈服极限 σ_s、强度极限 σ_b、延伸率 δ 和断面收缩率 ψ；测定铸铁的强度极限 σ_b；观察上述两种材料在拉伸过程的各种现象并绘制相应拉伸曲线。

相关公式：

$$\delta_{10} = \frac{l_1 - l_0}{l_0} \times 100\%$$

$$\psi = \frac{A_0 - A_1}{A_0} \times 100\%$$

七、实验注意事项

(1)拉断试件后一定要立即停载。并将加载动力梁移到合适位置，然后关闭总电源，清理现场。

(2)低碳钢试件拉断后量取 l_0 时，若发现试件断裂后的断口邻近标距任一端点的距离小于或等于 $l_0/3$，则用"移位法"来计量，测量 l_1 的方法如图 8 所示。

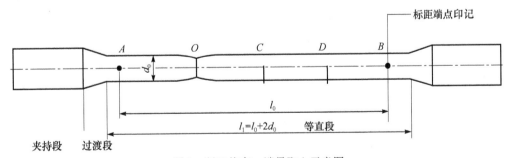

图 8　断口偏离一端量取 l_0 示意图

A、B 为标距两端点，O 为断口点，设 O 到端点 A 的距离小于或等于 $l_0/3$，用游标卡尺量取 $OC=OA$ 得 C 点，量得 BC 的中点得 D 点，则取拉断后的标距长为 $l_1=2OD$。

金属材料的拉伸实验报告

班级：_____　　　姓名：_____　　　实验日期：_____

一、实验目的

二、实验设备及试件

三、实验数据记录

1. 拉伸试件尺寸记录

实验前：

材料	标矩 l_0/mm	三个平均直径 d_0/mm			最小直径处截面积 A_0/mm^2
低碳钢		截面Ⅰ：	截面Ⅱ：	截面Ⅲ：	
铸铁		截面Ⅰ：	截面Ⅱ：	截面Ⅲ：	

断裂后：

材料	标距 l_1/mm	断口直径 d_1/mm			断口截面面积 A_1/mm^2
低碳钢		1 向：	2 向：	平均：	
铸铁		1 向：	2 向：	平均：	

2. F_s、σ_s、F_b、σ_b 记录(由实验曲线或数据文件得)

材料	屈服载荷/kN	屈服极限/MPa	强度载荷/kN	强度极限/MPa
低碳钢	$F_s=$	$\sigma_s=$	$F_b=$	$\sigma_b=$
铸铁			$F_b=$	$\sigma_b=$

3. 低碳钢延伸率、断面收缩率计算

材料	延伸率	收缩率
低碳钢	$\delta_{10} = \dfrac{l_1 - l_0}{l_0} \times 100\% =$	$\psi = \dfrac{A_0 - A_1}{A_0} \times 100\% =$

4. 记录低碳钢和铸铁的 $\sigma\text{-}\varepsilon$ 曲线图

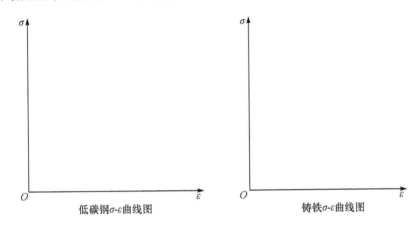

低碳钢 $\sigma\text{-}\varepsilon$ 曲线图　　　　铸铁 $\sigma\text{-}\varepsilon$ 曲线图

5. 记录低碳钢与铸铁的断口形状图（请在下图留的断口处描绘好断口形状）

低碳钢试样断口形状　　　　铸铁

四、实验分析与体会

五、思考题

(1) 根据上述实验记录，试比较低碳钢与铸铁拉伸的力学性能有何不同。

(2) 低碳钢拉伸曲线分几个阶段？每个阶段的力和变形之间有什么特征？

成绩评定＿＿＿＿＿＿＿＿＿＿　　指导老师＿＿＿＿＿＿＿＿＿＿

实验二　金属材料的压缩实验

视频 16.5-铸铁
压缩实验

一、实验简介

对于一般金属塑性材料，由拉伸实验得到的力学性能指标即可满足工程设计和工程应用的要求，但对于一些低塑性材料，如铸铁、高碳钢、工具钢和铸铝合金等，由于这些材料在拉伸时脆性断裂，故其塑性指标无法得到。采用压缩实验就可以得到它们在韧性状态下的力学性能。实际上，工程中许多结构、零件都是在压缩载荷下工作的，因此测试材料在压缩时的力学性能具有重要的工程实际意义。

一般塑性材料拉伸实验得到的数据与压缩实验得到的数据接近，但脆性材料拉伸实验与压缩实验得到的数据差别很大。

二、实验目的

(1)测定低碳钢压缩时的屈服极限σ_s和铸铁的抗压强度极限σ_b。

(2)观察并比较低碳钢和铸铁在压缩时的变形和破坏特征。

三、实验设备及试件

①电子式拉扭实验机(WDD-LCJ)；②游标卡尺、钢尺；③低碳钢、铸铁。

四、实验原理

压缩实验时材料的力学性能也用压力和变形的关系曲线以及应力与应变的关系曲线表示。

由图 1 可见，实验表明，低碳钢压缩时的屈服极限在数值上和拉伸时的相应数值差不多，只是屈服现象不如拉伸时那样明显。屈服极限以前的弹性极限、比例极限与拉伸时是一样的，屈服以后，由于两端面摩擦的存在(要消除此影响可磨光端面或涂润滑油)，试样逐渐成鼓形，

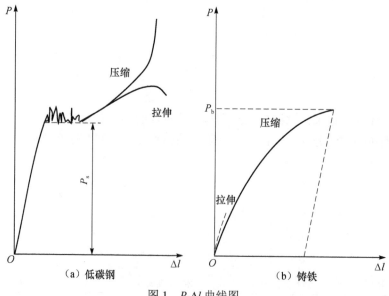

图 1　P-Δl 曲线图

随着压力的迅速增加，试样由鼓形向扁饼状发展，再高的压力也只能越压越扁；不会发生压缩破坏，故不能测得其抗压强度极限。因此，一般均以屈服极限作为低碳钢抗压强度极限的特征数值。

灰铸铁是脆性材料，其抗压强度极限与抗拉强度极限的差别较大，前者是后者的 3～4 倍，参见图 1(b)。压缩时，鼓胀效应并不明显。实验的同时，还可测得灰铸铁的某些塑性指标，如相对压缩率和断面收缩率等。灰铸铁压缩破坏的断口为斜截面剪断(与轴线呈 $45°\sim55°$ 角)，考虑到端口斜面间的摩擦力，断口面略大于 $45°$。

按照国标《金属压缩试验方法》(GB 7314—2005)的规定，金属材料的压缩试样多采用圆柱体，如图 2 所示。试样的高度 h 一般为直径 d_0 的 2.5～3.5 倍，d_0=10～20mm。混凝土试样亦可采用正方形柱体形状。试样受压的端面应尽量光滑，以消除摩擦力对横向变形的影响。

金属材料的低碳钢与铸铁压缩试样，应按图 2 制作。图 3 为低碳钢试样塑性屈服后的鼓状形状图，图 4 为铸铁试样脆性断裂后的形状图(断口呈 $45°\sim55°$ 斜面)。

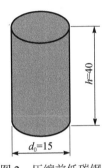

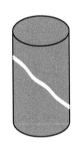

图 2　压缩前低碳钢、　　　图 3　低碳钢试样压缩后形状图　　　图 4　铸铁试样压缩后形状图
铸铁试样尺寸图

五、实验步骤

1. 量取试样尺寸

(1)试样准备：取按图 2 制作的试样 1 件。

(2)测量试样尺寸：采用游标卡尺测量试样的直径 d_0 和高度 h。

2. 试样的安装

(1)将试样站立放置在压缩传感器上的压缩垫块正中心，其上搁置两或三块垫板，如图 5 所示(若为铸铁压缩，还应放置好安全防护罩)：

(2)启动设备，移动加载动力梁，使加载头下端移动到适当加载位置。

3. 准备数据采集系统

启动计算机，进入实验菜单下的实验步骤，注意设置实验参数。

4. 数据采集过程

(1)一边观察实验机上试样标距范围内沿轴向变形的情况，一边注意显示器显示的实验曲线的变化情况。

(2)低碳钢试样屈服后即可停车；铸铁试样压断后立即停车。

(3)低碳钢试件调速要中等速度，铸铁试件调速要慢些。

图 5　压缩试件安装图

5. 实验完毕后

（1）试样压坏停车后，取下坏试样进行观察，注意观察低碳钢受压后的变形情况及铸铁的断口形状。

（2）将实验中得到的数据填入实验报告书中并进行数据处理。

（3）退出数据采集软件系统，关闭计算机，关闭实验机电源。

（4）清理现场。

六、实验数据处理

根据实验记录，计算应力值。

（1）低碳钢的屈服点为 $\sigma_{sc} = \dfrac{F_{sc}}{A_0}$ 。

（2）铸铁的抗压强度为 $\sigma_{bc} = \dfrac{F_{bc}}{A_0}$ 。

七、实验注意事项

（1）试样一定要放在正中位置。

（2）加载时必须十分缓慢。

（3）压坏试样后一定要立即停机，应迅速果断。

（4）铸铁试样破裂时，有碎片飞出，应在试样周围加防护罩。

（5）实验结束后要调整加载梁上下位置合适后，再关闭总电源，清理现场。

八、实验思考题

（1）根据实验记录，试比较铸铁拉伸与压缩的力学性能。

（2）根据应力状态分析，说明为什么铸铁试件破坏面常发生在与轴线成 45°～55°的方向上。（选择回答：为什么会大于 45°？）

（3）根据试样压缩后的变形及破坏形式，说明压缩时塑性材料和脆性材料力学性能的不同。

金属材料的压缩实验报告

班级：_____　　　姓名：_____　　　实验日期：_____

一、实验目的

二、实验设备及试件

三、实验数据记录

1. 试件实验前后尺寸记录

材料名称	实验前直径 d_0/mm		实验前高度 h_0/mm		实验前截面积 A_0/mm^2	实验后直径 d_1/mm		实验后高度 h_1/mm		实验后截面积 A_1/mm^2
低碳钢										
铸铁										

2. F_s、σ_s、F_b、σ_b 数据记录(由实验曲线或数据文件得)

材料名称	屈服载荷/kN	屈服极限/MPa	强度载荷/kN	强度极限/MPa
低碳钢	$F_s =$	$\sigma_s =$	—	—
铸铁	—	—	$F_b =$	$\sigma_b =$

参考公式：$\sigma_{sc} = \dfrac{F_{sc}}{A_0}$，$\sigma_{bc} = \dfrac{F_{bc}}{A_0}$。

3. 记录低碳钢和铸铁的压缩σ-ε曲线图

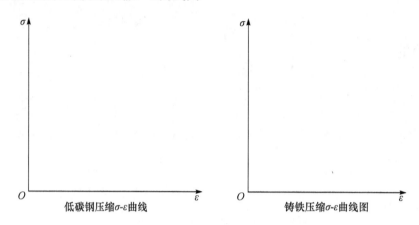

4. 记录低碳钢与铸铁的断口形状图(请描绘出低碳钢与铸铁断口形状)

四、思考题

(1) 根据实验记录，试比较低碳钢、铸铁压缩的力学性能。

(2) 低碳钢压缩后为何变成鼓形？铸铁压缩后为何沿 45°斜截面破坏？

成绩评定＿＿＿＿＿＿＿＿＿＿＿　　　指导老师＿＿＿＿＿＿＿＿＿＿＿

实验三　金属材料弹性模量的测试

一、实验简介

拉伸实验中得到的屈服强度 σ_s 和抗拉强度 σ_b 反映了材料对外力作用的承受能力,而延伸率、断面收缩率反映了材料在塑形方面对变形作用的承受能力。为了表示材料在弹性范围内抵抗变形的难易程度,可用材料的弹性模量 E 来度量,故称为材料的刚性。从材料的应力-应变曲线来看,它就是起初直线部分的斜率。

弹性模量 E 是表示材料力学性质的又一个物理量,只能由实验测定。弹性模量 E 是理论分析和结构设计时经常要用到的参数之一。

二、实验目的

(1)验证在比例极限内胡克定律是否成立。
(2)测定钢材的弹性模量 E。
(3)学习拟定实验加载方案。

三、实验设备及试件

①电子式拉扭实验机(WDD-LCJ);②游标卡尺、测量变形用的电子引伸仪或球铰式引伸仪;③低碳钢、铸铁。

四、实验原理

根据国家标准《金属材料　弹性模量和泊松比试验方法》(GB/T 22315—2008)规定,测定钢材的弹性模量 E 应采用拉伸实验。由拉伸实验可知,低碳钢材料在比例极限内荷载 P(即轴向力)与绝对伸长变形 Δl_1(轴向变形)符合胡克定律,即 $\Delta l = Pl/(EA)$,由此得出测量 E 的基本公式:

$$E = \frac{Pl}{A\Delta l} \tag{1}$$

式中,P 为所加荷载;l 为试样原始标距;A 为试样的原始横截面面积;Δl 为轴向变形(原始标距绝对伸长)。

按照国标《金属材料　拉伸试验》(GB/T 228.1—2010)制成圆形截面比例试样,在材料弹性范围内,只要测得相应荷载下的轴向变形 Δl,即计算出弹性模量 E。故弹性模量的测量,需先测量弹性变形。然而,试样的轴向变形 Δl 微小,需要借助引伸仪进行测量。

为了验证胡克定律和消除测量中的偶然误差,一般采用增量法加载。所谓增量法,就是把欲加的最大荷载分成若干等份,逐级加载以测量试样的变形,如图 1 所示。若每级荷载相等,则称为等增量法。当每增加一级荷载增量 ΔP,从引伸仪上读出的相应变形增量 Δl 也应大致相等,这就验证了胡克定律。于是得到用增量法测量 E 的计算公式为

$$E = \frac{\Delta Pl}{A\Delta l} \tag{2}$$

如能精确绘出拉伸曲线，即 P-Δl 曲线，也可在弹性直线段上确定两点(如图 2 中的 A、B 点)，测出 ΔP 和 Δl 计算 E。

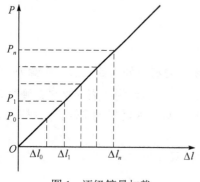

图 1　逐级等量加载

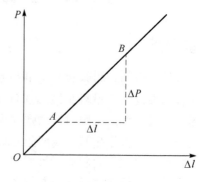

图 2　图解法测弹性模量

五、实验步骤

(1)试样的准备。在试样标距长度的两端及中间选 3 处，每处在两个相互垂直的方向上各测一次直径，取其算术平均值，来计算截面面积。

(2)实验机的准备。复习电子拉扭实验机的操作规程。

(3)安装试样和仪器。将试样安装在实验机夹头内，预加少许荷载，其大小以夹紧试样即可。然后小心正确地安装引伸仪。

(4)进行实验。用慢速逐渐加载至初荷载，记下此时引伸仪的初读数。然后缓慢地逐级加载。每增加一级荷载，记录一次引伸仪读数，随时估算引伸仪先后两次读数的差值，借以判断工作是否正常，继续加载至最终数值为止。

六、实验数据处理

设引伸仪标距为 l(mm)，试样的原始横截面面积为 A(mm^2)，放大倍数 $K=2$，各级荷载作用下测得的千分表读数增量平均值 ΔB(千分表的读数每个单位为 1/1000mm)，则试样在荷载增量 ΔP 的作用下的变形增量 $\Delta l=\Delta B/K$(mm)，试样的弹性模量 E 按式(2)计算。

七、注意事项

见拉伸实验注意事项。注意引伸仪、千分表的装拆。应保证千分表与引伸仪接触，并有一定的量程。

金属材料弹性模量的测试实验报告

班级：＿＿＿＿＿＿＿＿　　姓名：＿＿＿＿＿＿＿　　实验日期：＿＿＿＿＿＿＿＿

一、实验目的

二、使用设备及试件

三、实验记录

1. 拉伸试件尺寸记录

实验前：

材料名称	标距 l_0/mm	三个平均直径 d_0/mm			最小直径处截面积 A_0/mm^2
低碳钢		截面Ⅰ：	截面Ⅱ：	截面Ⅲ：	
铸铁		截面Ⅰ：	截面Ⅱ：	截面Ⅲ：	

2. 数据记录（由实验曲线或数据文件得到）

1）低碳钢

载荷增量/kN	变形增量/mm
平均值	

弹性模量 $E=$

2)铸铁

载荷增量/kN	变形增量/mm
平均值	

弹性模量 $E=$

3)断裂后试件尺寸

材料名称	标距 l_1/mm	断口直径 d_1/mm			断口截面面积 A_1/mm^2
低碳钢		1 向：	2 向：	平均：	
铸铁		1 向：	2 向：	平均：	

四、实验分析与体会

五、思考题

(1)根据上述实验记录，试比较低碳钢与铸铁的弹性模量差别大吗？

(2)实验时引伸计的使用要注意哪些环节？

成绩评定_____　　　指导老师_____

实验四　金属材料的扭转实验

一、实验简介

　　工程中承受扭转变形的构件大都是传动件，测定传动件扭转变形的力学性能，对于传动件的合理设计和选材都具有十分重要的意义。扭转变形下，构件内任意一点均为纯剪切应力状态，通过扭转实验可以了解材料的软硬程度及了解材料的弹塑性情况。此外，扭转实验也可以在工程上测试零件表面热处理或强化工艺的质量。因此，扭转变形是材料的基本变形，扭转实验是材料力学的基本实验。

视频 16.6-金属材料的扭转实验

二、实验目的

　　(1) 测定低碳钢剪切变形的屈服极限 τ_s、强度极限 τ_b 和剪切弹性模量 G，验证剪切胡克定律。

　　(2) 测定铸铁剪切变形的强度极限 τ_b 和剪切弹性模量 G。

　　(3) 观察、比较和分析低碳钢和铸铁在扭转时的变形和破坏现象。

三、实验设备及试件

　　①电子式拉扭实验机（WDD-LCJ）；②游标卡尺、钢尺；③低碳钢、铸铁。

四、实验原理

　　低碳钢及铸铁试样均按既符合《金属材料　室温扭转试验方法》（GB/T 10128—2007）的规定，又符合 WDD-LCJ 型材料力学教学实验机的安装要求，已制作好的标准圆截面试样见图 1，标距 l_0=100mm，标距部分的直径 d_0=(10±0.1)mm，其他尺寸见图 1。

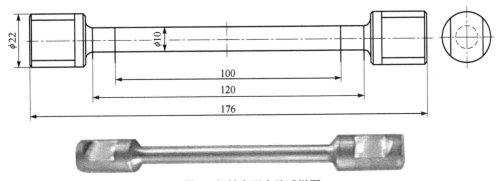

图 1　扭转变形实验试样图

　　标距的两个端点需用刻线机刻画上圆周线作为端点印记。用粉笔或金属写字笔沿试样纵向画一或两条纵向线，以便观察试样扭转情况。

1. 低碳钢

圆轴低碳钢试样受扭时，材料完全处于纯剪切应力状态，得到的扭矩 T 和扭转角 φ 的关系曲线如图 2 所示。

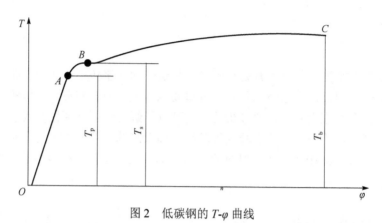

图 2　低碳钢的 $T\text{-}\varphi$ 曲线

由图 2 可见，扭矩小于 T_p 时，扭矩 T 与扭转角 φ 呈线性关系，服从胡克定律，因此 OA 段是线弹性段，可以用此段测定剪切弹性模量 G。扭矩刚好到达 T_p 时，切应力到达剪切比例极限 τ_p。AB 段为曲线，它表明低碳钢在扭转过程中，有明显的屈服现象产生，扭矩与扭转角呈现非线性关系，横截面上切应力的分布也不是线性的，最外缘的应力首先达到剪切屈服极限 τ_s。当扭矩进一步加大时，随着试样继续扭转变形，塑性区不断向圆心扩展，切应力 τ_s 在试样外缘点发生流动形成环形塑性区域，而截面中部仍然为弹性区，如图 3(b) 所示。到达 B 点时，扭矩-变形曲线趋于平坦，这时塑性区几乎占据了全部截面，切应力趋于均匀分布，如图 3(c) 所示，此时对应的扭矩为 T_s。当横截面全部屈服后，试样才全面进入塑性，扭转曲线图上出现屈服平台，扭矩度盘上的指针几乎不再转动，甚至有微小的倒退现象。设截面内点到圆心的距离为 ρ。根据静力平衡条件，可以求得 T_s 与 τ_s 的关系为

$$T_s = \int_A \rho \tau_s \mathrm{d}A = \int_0^{\frac{d}{2}} 2\pi \rho^2 \tau_s \mathrm{d}\rho = \frac{4}{3} W_t \tau_s$$

可求得剪切屈服极限 τ_s 为

$$\tau_s = \frac{3}{4} \frac{T_s}{W_t}$$

式中，$W_t = \dfrac{\pi d_0^3}{16}$，为试样抗扭截面模量；$T_s$ 为屈服扭矩。

过屈服阶段 B 点后，材料的强化使承载力又有缓慢上升，但变形非常明显，试样的纵向线变成螺旋线，扭矩继续增加，材料进一步强化，$T\text{-}\varphi$ 曲线缓慢上升直至 C 点，试件被剪断直至破坏。破坏时的扭矩即为最大扭矩 T_b。剪切强度极限近似为

$$\tau_b = \frac{3}{4} \frac{T_b}{W_t}$$

试件受扭时，处于纯剪切应力状态，则必有任一点的 $\sigma_1 = \tau$、$\sigma_2 = 0$ 和 $\sigma_3 = -\tau$，又知此时的 $\tau_{max} = \tau = \sigma_1$，从拉伸实验可知低碳钢塑性变形较好，抗剪性能差，试样的断口应沿横截面平齐剪断。

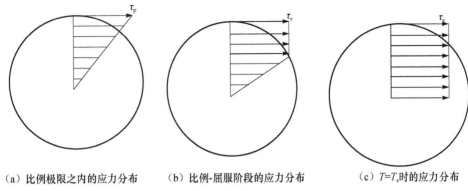

（a）比例极限之内的应力分布　　（b）比例-屈服阶段的应力分布　　（c）$T=T_s$时的应力分布

图 3　低碳钢扭转试样横截面应力变化图

2. 铸铁

试样从开始受扭到破坏，总变形很小，其 T-φ 曲线接近斜直线，如图 4 所示。横截面内应力分布如图 5 所示。试样内任一点小单元体也均呈纯剪切状态，由拉伸实验可知，铸铁是脆性材料，扭转时由于 $\tau_{max}=\tau=\sigma_1$，铸铁应在与轴线成 45°角方向上被最大正应力 σ_1 拉断，断口为 45°方向上的螺旋面，换句话说，实验证明了铸铁的抗拉强度小于抗剪强度。

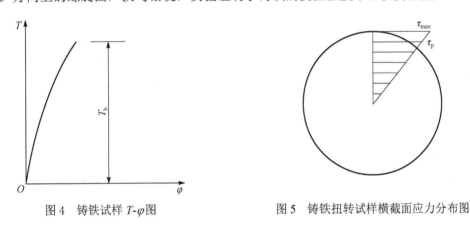

图 4　铸铁试样 T-φ 图　　　　　　　　图 5　铸铁扭转试样横截面应力分布图

低碳钢与铸铁试样的扭转变形断裂的断口形状如图 6 所示。

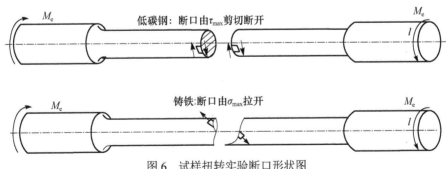

图 6　试样扭转实验断口形状图

圆柱形试件在纯扭转时，试件表面应力状态如图 7 所示，其最大剪应力和正应力绝对值相等，夹角成 45°，因此扭转实验可以明显地区分材料的断裂方式——拉断或剪断。如果材料的抗剪强度低于抗拉强度，则破坏形式为剪断，断口应与其轴线垂直；如果材料的抗拉强度小于抗剪强度，破坏原因为拉应力，破坏面应沿 45°的方向。

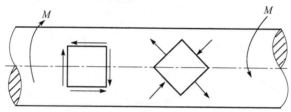

图 7　圆轴扭转时的表面应力

五、实验步骤

1. 试样准备

1) 量取试件标距

采用标准圆截面拉伸试样（长试件或短试件），试样的形状及尺寸见图 1。取 $l_0 = 10d_0$，d_0=10mm，l_0=100mm。首先用细砂布打磨光亮低碳钢试样表面，然后在试样的等值段内量取 100mm，确定原始标距长度 l_0 的两端点，用划线机（或铁钻子）轻轻打上印记，用粉笔（或金属笔）画一或两条纵向线。

2) 量取试样直径

应用游标卡尺在标距长度的中央和两端的截面处，按两个垂直的方向测量直径，取其算术平均值，选用三处截面中最小值为 d_0 值，并立即记入实验报告。

2. 准备数据采集系统

(1) 启动计算机。

(2) 启动"材料力学实验"软件。

3. 试样安装

(1) 安装扭转夹头。

(2) 安装扭转试样：将准备好的标准扭转试样，装入两夹头之间。方法是：首先将试样长度与实验机两夹头间距离比较一下，然后单击程序操作板上的"允许加载"，单击集中力加载下的"上升"或"下降"按钮，使动力加载梁上下移动，直到两夹头距离适合装入试样。单击"扭转夹头复位"按钮，等待扭转上夹头转到零点位置，再将试样装入。安装好的试件如图 8 所示。

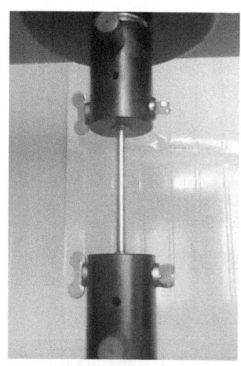

图 8　扭转实验加载图

4. 设置扭转实验参数

按程序的实验步骤进行实验（具体操作参见程序中的提示）。

5. 试件加载

(1) 按下软件中操作板上的扭矩力"加载"按钮，加载开始。

(2) 低碳钢这类塑性材料试件，调速一般在 50～200mm/min 即可；铸铁类脆性材料的试件调速应慢些，以 4～50mm/min 为宜。

6. 数据采集过程

(1)一边观察实验机上试样标距范围内沿轴向变形的情况，一边注意显示器显示的实验曲线的变化情况。

(2)低碳钢试样扭断需时较长，铸铁试样扭断需时较短，试件断裂后程序设置有自动停机，若自动停机没有抓到，只需尽快单击扭矩力下的"停机"按钮即可停机。

(3)停机后，存储 XY 曲线数据，存储实时数据。

(4)取下断裂试样。

① 观察试样的断口形状。

② 对上茬口后，观察并测量标距及直径的尺寸变化。

(5)填写实验报告，回放实验数据。

7. 实验完毕后

(1)退出数据采集软件系统。

(2)关闭计算机。

(3)关闭实验机电源。

(4)清理现场。

六、实验数据处理

相关公式：$I_p = \dfrac{\pi d_0^4}{32}$；$W_t = \dfrac{\pi d_0^3}{16}$；$G = \dfrac{\Delta T l_0}{\Delta \varphi I_p}$。

根据实验中得到的低碳钢扭转 $\tau\text{-}\gamma$ 曲线图和铸铁扭转 $\tau\text{-}\gamma$ 曲线图，测定低碳钢剪切变形的屈服极限 τ_s、强度极限 τ_b 和剪切弹性模量 G，并验证剪切胡克定律(具体数据处理图表见实验报告书)。

七、实验注意事项

(1)试件装夹前后，别忘了沿试件纵向用彩笔在试件上画线条，以利观察。

(2)塑性材料(如低碳钢)在扭转时的角位移很大，一般要转 2~5 圈，所需时间稍长。

(3)脆性材料试件扭转到破断，时间较短，故应将速度调慢一些，缓慢加载。

金属材料的扭转实验报告

班级：_____   姓名：_____   实验日期：_____

一、实验目的

二、实验设备和仪器及试样形状记录（规格、型号）

序号	名称	型号	量程	备注
1				
2				

三、实验数据记录处理及误差分析

1. 数据记录

参数	低碳钢			铸铁		
相互垂直方向直径/mm						
直径平均值 d_0/mm						
标距长度 l_0/mm						
极惯性矩 I_p/mm^4						
抗扭截面模量 W_t/mm^3						
屈服扭矩 T_s/N·m						
屈服极限 τ_s/MPa						
最大扭矩 T_b/N·m						
抗扭强度 τ_b/MPa						
线弹性段总扭转角 φ_p/rad						
总扭转角 φ/rad						
取 T-φ 曲线线性段扭矩差 ΔT						
对应 ΔT 段的转角差 $\Delta\varphi$						
剪切弹性模量 G/GPa						

相关公式：$I_p = \dfrac{\pi d_0^4}{32}$；$W_t = \dfrac{\pi d_0^3}{16}$；$G = \dfrac{\Delta T l_0}{\Delta \varphi I_p}$。

2. 曲线记录（观察曲线是否有线弹性段，若有就验证了胡克定律）

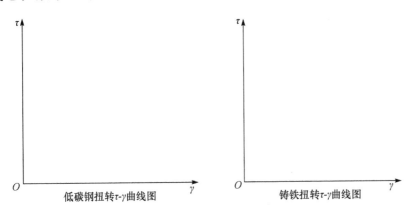

低碳钢扭转 τ-γ 曲线图　　　　　　　　铸铁扭转 τ-γ 曲线图

3. 记录低碳钢与铸铁的扭转断口形状图（请在下图留的断口处描绘好断口形状）

低碳钢试样扭转断口形状图　　　　　　　　铸铁试样扭转断口形状图

试件	τ_s/MPa			τ_b/MPa			线弹性段扭转角 φ/rad		
	实验值	理论值	误差值	实验值	理论值	误差值	实验值	理论值	误差值
低碳钢									
铸铁	—	—	—						

注：理论公式 $\tau_s = \dfrac{3}{4}\dfrac{T_s}{W_t}$，$\tau_b = \dfrac{3}{4}\dfrac{T_b}{W_t}$，$\varphi = \dfrac{TL}{GI_p}$。

四、思考题

(1) 根据实验记录，分析低碳钢与铸铁的扭转断裂原因。

(2) 铸铁在压缩和扭转时，断口外缘都与轴线成 45°左右，请分析不同的破坏原因。

成绩评定＿＿＿＿＿＿＿＿＿＿＿＿＿　　指导老师＿＿＿＿＿＿＿＿＿＿＿＿＿

实验五　纯弯曲梁的正应力实验

一、实验目的

(1)测定梁在纯弯曲时横截面上正应力大小及分布规律,并与理论值比较。

(2)熟悉电测法基本原理和电阻应变仪的使用。

(3)测定矩形截面梁在纯弯曲时最大应变值,比较并掌握运用不同组桥方式提高测量灵敏度的方法。

二、实验设备及工具

(1)材料力学多功能实验台(CLDT-C)、纯弯曲实验装置一套,XL2118A 型应力应变综合参数测试仪。

(2)温度补偿电阻、螺丝刀等。

三、实验内容

在材料力学多功能实验台上测定梁的纯弯曲正应力实验。

四、实验原理

纯弯曲梁实验装置如图 1 所示,试样简支于 A、B 两点,在对称的 C、D 两点通过拉杆和横杆螺旋加载使梁产生弯曲变形,CD 梁受纯弯曲作用。采用转动手轮使螺旋下移加载,总荷载的大小由压力传感器来测量。试样的受力如图 2 所示。剪力图及弯矩图如图 3 所示。梁的材料为合金钢,弹性模量为 $E=200$GPa。

视频 16.7-梁的纯弯曲正应力实验设备介绍

视频 16.8-纯弯曲正应力实验步骤 1

视频 16.9-纯弯曲正应力实验步骤 2

视频 16.10-纯弯曲正应力实验步骤 3

视频 16.11-纯弯曲正应力实验步骤 4

视频 16.12-纯弯曲正应力实验步骤 5

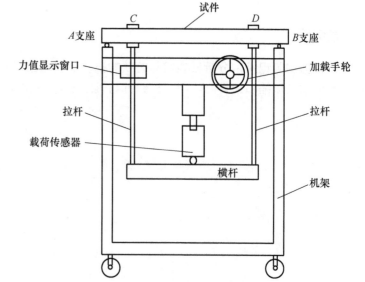

图 1　纯弯曲梁实验装置

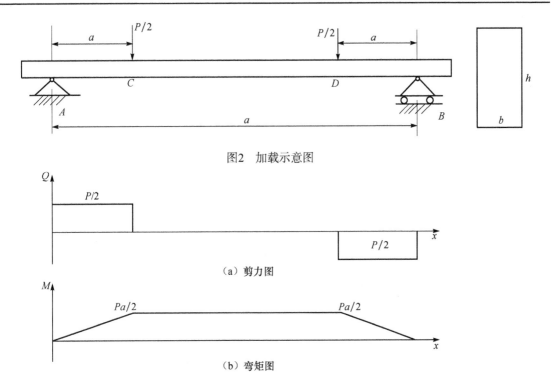

图2　加载示意图

图3　剪力图与弯矩图

为了测量梁在纯弯曲时横截面上正应力的分布规律，应变片的粘贴位置如图4所示。在梁的纯弯曲段沿梁的侧面不同高度，平行于轴线贴上 5 个应变片。其中 3 号片位于中性层处，2 号、4 号片分别位于中性层上、下 $h/4$ 处。1 号、5 号分别位于上下表面。此外，在梁的上表面沿横向粘贴 0 号应变片。实验可采用半桥单臂、公共补偿、多点测量的方法。

由材料力学可知，矩形截面梁受纯弯时正应力公式为

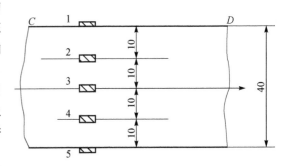

图4　应变片粘贴方案(单位：mm)

$$\sigma_{理} = \frac{My}{I_z}$$

式中，M 为弯矩；y 为中性轴至欲求应力点的距离；$I_z = \frac{1}{12}bh^3$ 为横截面对 z 轴的惯性矩。

本实验采用逐级等量加载的方法加载，每次增加等量的载荷 ΔP，测定各点相应的应变增量一次，即初载荷为零，最大载荷为 5kN，等量增加的载荷 ΔP 为 1kN。分别取应变增量的平均值(修正后的值) $\Delta \bar{\varepsilon}_{实}$，求出各点应力增量的平均值 $\Delta \bar{\sigma}_{实}$。

$$\Delta \bar{\sigma}_{实} = E\Delta \bar{\varepsilon}_{实} \tag{1}$$

$$\Delta \bar{\sigma}_{理} = \frac{\Delta My}{I_z} \tag{2}$$

把测量得到的应力增量 $\Delta \bar{\sigma}_{实}$ 与理论计算出的应力增量 $\Delta \bar{\sigma}_{理}$ 加以比较，从而可以验证公式

的正确性，上述理论公式中的 ΔM 按下式求出：

$$\Delta M = \frac{1}{2}\Delta Pa \tag{3}$$

五、实验步骤

(1) 测量矩形截面梁的各个尺寸，打开电源预热电阻应变仪约 20min。

(2) 将各种仪器连接好，各应变片按单臂半桥接法接到电阻应变仪的所选通道上。检查整个测试系统是否正常工作。

(3) 将温度补偿电阻接到应变仪的公共补偿点上，逐一调节各通道为零。

(4) 拟定加载方案。先选取适当的初载 P_0，本实验最大载荷 4.0kN，分 4~6 级加载。

(5) 加载。均匀慢速加载至初载荷 P，记下各点应变仪的初读数。然后逐层加载，并依次记录各点应变片的应变读数 (包括正负号，负号表示压应变，正号不显示)，直到最终载荷，实验至少两次。

(6) 注意：载荷最大加至 4.0kN，不能超载；在测量过程中，尽量避免连接导线的晃动。

(7) 完成全部实验内容后，卸掉载荷，关闭电源，整理所用仪器、设备，并恢复原状。

六、实验结果的整理

(1) 求出各测量点在等量载荷作用下，应变增量的平均值 $\Delta\bar{\varepsilon}_{测}$。

(2) 考虑到应变仪与应变片灵敏系数不同，按式 (4) 对应变增量的平均值 $\Delta\bar{\varepsilon}_{测}$ 进行修正得到实际的应变增量平均值 $\Delta\bar{\varepsilon}_{实}$：

$$\Delta\bar{\varepsilon}_{实} = \frac{k_{仪}}{k_{片}}\Delta\bar{\varepsilon}_{测} = \frac{2.0}{2.16}\Delta\bar{\varepsilon}_{测} \tag{4}$$

式中，$k_{仪}$、$k_{片}$ 分别为电阻应变仪和电阻应变片的灵敏系数。

(3) 以各测点位置为纵坐标，以修正后的应变增量平均值 $\Delta\bar{\varepsilon}_{实}$ 为横坐标，画出应变随试件截面高度的变化曲线。

(4) 根据各测点应变增量的平均值 $\Delta\bar{\varepsilon}_{实}$，计算测量的应力值 $\Delta\bar{\sigma}_{实} = E\Delta\bar{\varepsilon}_{实}$。

(5) 根据实验装置的受力图和截面尺寸，先计算横截面对 z 轴的惯性矩 I_z，再应用弯曲应力的理论公式，计算在等增量载荷作用下，各测点的理论应力增量值 $\Delta\bar{\sigma}_{理} = \dfrac{\Delta My}{I_z}$。

(6) 比较各测点应力的理论值和实验值，并按式 (5) 计算相对误差：

$$e = \frac{\Delta\bar{\sigma}_{理} - \Delta\bar{\sigma}_{实}}{\Delta\bar{\sigma}_{理}}\times 100\% \tag{5}$$

在梁的中性层内，因 $\sigma_{理} = 0$，$\Delta\bar{\sigma}_{理} = 0$，故只需计算绝对误差。

(7) 比较梁中性层的应力。由于电阻应变片是测量一个区域内的平均应变，粘贴时又不可能正好贴在中性层上，因此只要实测的应变值是一很小的数值，就可认为测试是可靠的。

梁的弯曲正应力实验报告

班级：_____　　　　姓名：_____　　　　实验日期：_____

一、实验记录

1. 实验简图及桥路图

2. 试件尺寸及贴片位置

试件尺寸		贴片位置		
$b=$	mm	1 号、5 号	$y_1=$	mm
$h=$	mm	2 号、4 号	$y_2=$	mm
$a=$	mm	3 号	$y_3=$	mm
$I=\dfrac{bh^3}{12}=$　　mm^4		$E=$		GPa

3. 应变读数记录

载荷/kN		测点											
		1 号		2 号		3 号		4 号		5 号		0 号	
总值	增量	应变读数	增量	应变读数	增量	应变读数	增量	应变读数	增量	应变读数	增量	应变读数	增量
平均值													

4. 计算结果及误差

应变片号	1号	2号	3号	4号	5号
$\Delta\bar{\sigma}_{实}\left(=E\overline{\Delta\varepsilon}\right)$/MPa					
$\Delta\bar{\sigma}_{理}\left(=\dfrac{\overline{\Delta My}}{I_z}\right)$/MPa					
误差 $e\left(=\dfrac{\Delta\bar{\sigma}_{理}-\Delta\bar{\sigma}_{实}}{\Delta\bar{\sigma}_{理}}\times100\%\right)$					

5. 绘出应力的实测值和理论值沿高度的分布曲线。

6. 计算泊松比

利用梁的上表面的 1 号、0 号点所测应变值，取 1 号应变片的平均值，则材料的泊松比为_____。

二、实验误差分析

三、思考题

(1) 应变片虽然是粘贴在钢梁表面上的，为什么可以把所测的应变看成梁横截面上的应变？

(2) 梁的弯曲正应力计算公式并未涉及材料的弹性模量 E，而实测力的计算中却用上了它，为什么？

(3) 影响实验结果的主要因素是什么？

成绩评定_____ 指导老师_____

实验六　电阻应变片的粘贴实验

一、实验目的

(1) 初步掌握电阻应变片的粘贴技术和焊接技术。

(2) 初步掌握焊线和检查等准备工作。

(3) 为后续电测实验做好在试件上粘贴应变片、接线、防护
等准备工作。

视频 16.13-应变　视频 16.14-应变
片的粘贴实验　片的粘贴实验
（上）　　　（下）

二、实验及试件工具

电阻应变片、试件、砂纸、丙酮(或酒精)等清洗器材、502 胶、测量导线、电烙铁、万
用表、测量导线若干等。实验工具及贴片示意图如图 1 和图 2 所示。

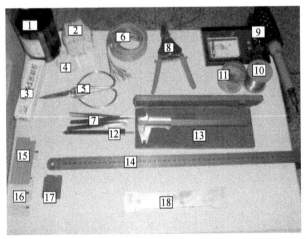

1-酒精；2-牙签；3-密封胶；4-粘贴胶；5-剪刀；6-接线；7-锯子；8-剥线钳；9-电烙铁；10-锡铁；11-焊锡膏；
12-分规；13-游标卡尺；14-钢尺；15-接线端子；16-电阻应变片；17-砂纸；18-试件

图 1　实验工具

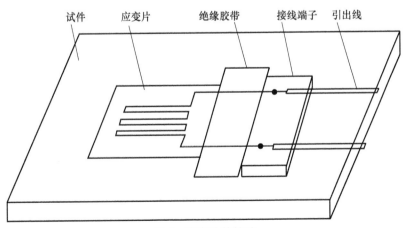

图 2　应变片的粘贴

三、实验原理

(1)电阻应变片的工作原理是基于金属导体的应变效应,即金属导体在外力作用下发生机械变形时,其电阻随着机械变形(伸长或缩短)的变化而发生变化。

(2)当试件受力在该处沿电阻丝方向发生线变形时,电阻丝也随着一起变形(伸长或缩短),因而使电阻发生改变(增大或缩小)。

四、实验步骤

(1)定出试件被测位置,画出贴片定位线。

(2)在贴片处用细砂纸按 45°方向交叉打磨。

(3)用浸有丙酮(酒精)的棉球将打磨处擦洗干净(钢试件用丙酮棉球,铝试件用酒精棉球)直至棉球洁白。

(4)一手拿住应变片引线,一手拿 502 胶,在应变片基底底面涂上 502 胶(挤上一滴 502 胶即可)(注意胶水不要用得太多或太少,过多则胶水太厚影响应变片性能,过少则粘贴不牢靠,不能准确传递应变)。

(5)立即将应变片底面向下放在试件被测位置上,并使应变片基准对准定位线。将一小片薄膜盖在应变片上,用手指柔和滚压挤出多余的胶,然后手指静压一分钟,使应变片和试件完全黏合后再放开。

(6)贴接线端子片、焊接:将端子片基地和待贴位置处涂抹上一层胶水,等贴牢后将应变片的两个引线分别焊接到端子片上,再将两根导线分别焊接到另外的两个端子上,注意不能出现短路的情况。

(7)最后用万用表测量各应变片是否通路,并测量电阻值与粘贴前是否一致。

五、实验报告要求

自行独立编写完整实验报告,包括目的、原理、焊接线方法及自己体会与改进意见。

(1)画出试件布片图。

(2)详细叙述贴片、焊接线、检查等主要步骤。

(3)通过实际粘贴操作,写出你有何体会(必须写,不少于 300 字)。

第 17 章　创新设计性实验

实验七　材料弹性模量和泊松比的电测法实验

一、实验目的

(1) 测定常用金属材料的弹性模量 E 和泊松比 μ。

(2) 验证胡克定律。

(3) 学习用应变仪测量微应变的组桥原理和方法，并能熟练掌握、灵活运用。

(4) 熟悉测量电桥的应用，掌握应变片在测量电桥中的各种接线方法。

(5) 学习使用二乘法处理实验数据。

二、实验设备

(1) 材料力学多功能实验台(CLDT-C)、板式拉杆实验装置一套，XL2118A 型应力、应变综合参数测试仪。

(2) 温度补偿电阻、螺丝刀等。

三、实验原理

材料在线弹性范围内服从胡克定律，定力和应变成呈比关系。单向拉伸时，其形式为

$$\sigma = E\varepsilon \tag{1}$$

式中，E 为弹性模量。在 σ-ε 曲线上，E 由弹性阶段直线的斜率确定，它表征材料抵抗弹性变形的能力。E 越大，产生一定弹性变形所需应力越大。工程上常把 EA 称为杆件材料的抗拉(压)刚度。E 是弹性元件选材的重要依据，是力学计算中的一个重要参量。

$$E = \frac{\sigma}{\varepsilon} = \frac{Pl_0}{A_0 \Delta l} \tag{2}$$

试件轴向拉伸时，产生纵向伸长，横向收缩。实验表明，在弹性范围内，横向应变 ε' 和轴向应变 ε，两者之比为一常数，其绝对值称为横向变形系数或称泊松比，用 μ 表示，即

$$\mu = \left| \frac{\varepsilon'}{\varepsilon} \right| \tag{3}$$

本实验采用电测法来测量 E 和 μ。采用矩形截面的薄直板作为被测试样，其两端各有一两个圆孔(偏心的孔可用于偏心加载做偏心拉伸实验)，通过圆柱销钉使试样与实验台相连，采用一定的加载方式使试样受一对平行于轴线的拉力作用。

在试样中部附近前表面上各贴一个纵向应变片 1 和横向应变片 2，后表面上各贴一个纵向应变片 3 和横向应变片 4，贴片位置和试样尺寸如图 1 所示，可分别测量纵向应变及横向应变。

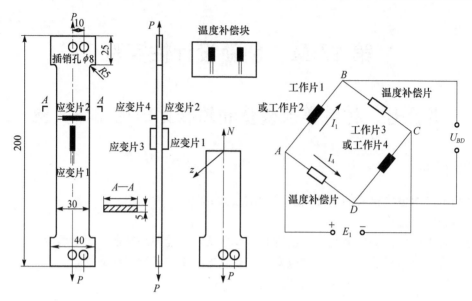

图1　板式试件及外力、轴力及布片图(尺寸单位：mm)

1. 测量弹性模量 E

由于实验装置和安装初始状态的不稳定性，拉伸曲线的初始端往往是非线性的。为了尽可能减少测量误差，实验宜从初载 $P_0(P_0 \neq 0)$ 开始。与 P_0 对应的应变仪读数 ε_d 可预调到零，也可设定一个初读数。采用增量法，分级加载，分别测量在各相同载荷增量 ΔP 的作用下，产生的应变增量 $\Delta \varepsilon$，并求 $\Delta \varepsilon$ 的平均值。设试件初始截面面积为 A_0，又因 $\varepsilon = \Delta l/l$，则式(2)可写成

$$E = \frac{\Delta P}{\Delta \varepsilon_{均} A_0} \tag{4}$$

式(4)即为增量法测 E 的计算公式($\Delta \varepsilon_{均}$ 为试件实际轴向应变增量的平均值)。

增量法可以验证力与变形之间的线性关系。若各级载荷增量 ΔP 相等，相应地由应变仪读出的应变增量 $\Delta \varepsilon_d$ 也应大致相等，这就验证了胡克定律。

实验前要拟定加载方案，通常按以下情况考虑：

(1)由于在比例极限内进行实验，故最大应力值不能大于比例极限，实验最大载荷 P_{max} 应在实验前按同类材料的屈服极限 σ_s 进行估算，一般取屈服极限 σ_s 的70%～80%，故最大载荷为

$$P_{max} \leqslant (0.7 \sim 0.8) A_0 \sigma_s$$

(2)初载荷 P_0 可按 P_{max} 的10%或稍大于此值来设定。

(3)分5～7级加载，每级加载后要使应变读数有明显变化。

用上述板试件测量时，合理地选择组桥方式可有效提高测试灵敏度和实验效率。下面讨论几种常见的组桥方式(图2)。图中 R 代表机内标准电阻。

1)单臂测量[图2(a)]

实验时，在一定载荷条件下，分别对前、后两枚轴向应变片进行单片测量，并取其平均值 $\bar{\varepsilon} = \dfrac{\varepsilon_1 + \varepsilon_2}{2}$。显然 $(\bar{\varepsilon}_n - \varepsilon_0)$ 即代表载荷 $(P_n - P_0)$ 作用下试件的实际应变量。而且 $\bar{\varepsilon}$ 消除了偏心弯曲引起的测量误差。

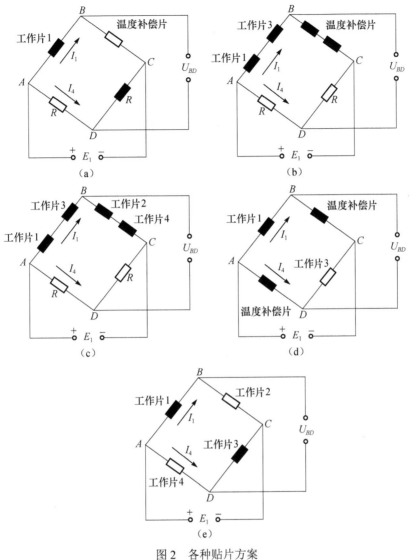

图 2　各种贴片方案

2) 轴向应变片串联后的单臂测量 [图 2(b)]

为消除偏心弯曲的影响，可将前后两轴向应变片串联后接在统一桥臂(AB)上，而邻臂(BC) 接相同阻值的补偿片。受拉时两枚轴向应变片的电阻变化分别为

$$\Delta R = \begin{cases} \Delta R_1 + \Delta R_M \\ \Delta R_3 - \Delta R_M \end{cases}$$

式中，ΔR_M 为偏心弯曲引起的电阻变化，拉、压两侧大小相等方向相反。根据桥路原理，AB 桥臂有

$$\frac{\Delta R}{R} = \frac{\Delta R_1 + \Delta R_M + \Delta R_3 - \Delta R_M}{R_1 + R_3} = \frac{\Delta R_1}{R_1}$$

因此，轴向应变片串联后，偏心弯曲的影响自动消除，而应变仪的读数等于试件的应变，即 $\varepsilon_d = \varepsilon_P$，显然这种测量法没有提高测量灵敏度。

3) 串联后的半桥测量 [图 2(c)]

将两轴向应变片串联后接 AB 桥臂；两横向应变片串联后接 BC 桥臂，偏心弯曲的影响可自动消除，而且温度影响也可自动补偿。根据桥路原理

$$\varepsilon_d = \varepsilon_{AB} - \varepsilon_{BC}$$

式中，$\varepsilon_{AB} = \varepsilon_P$，$\varepsilon_{BC} = -\mu\varepsilon_P$，$\varepsilon_P$ 代表轴向应变，μ 为材料的泊松比。故电阻应变仪的读数应变为

$$\varepsilon_d = \varepsilon_P(1 + \mu)$$

而

$$\varepsilon_P = \frac{\varepsilon_d}{1 + \mu}$$

如果材料的泊松比已知，那么这种组桥方式使测量灵敏度提高 $(1+\mu)$ 倍。

4) 相对两臂测量 [图 2(d)]

将两轴向应变片分别接在电桥的相对两臂 (AB、CD)，两温度补偿片接在另外相对两臂 (BC、DA)，偏心弯曲的影响可自动消除。根据桥路原理

$$\varepsilon_d = 2\varepsilon_P$$

测量灵敏度可以提高 2 倍。

5) 全桥测量

按图 2(e) 的方式组桥进行全桥测量，不仅消除了偏心和温度的影响，而且测量灵敏度比单臂测量时提高 $2(1+\mu)$ 倍，即

$$\varepsilon_d = 2\varepsilon_P(1 + \mu)$$

2. 测泊松比 μ

利用试件的横向应变片和轴向应变片合理组桥，在上述每级载荷下分别测出横向应变 ε' 和轴向应变 ε_P，并随时检验其增长是否符合线性规律（图 2 中，ε_P 对应 R_1，ε' 对应 R_2）。按定义，有

$$\mu = \left| \frac{\Delta\varepsilon'_{均}}{\Delta\varepsilon_{P均}} \right|$$

四、实验步骤

(1) 设计好本实验所需各类数据表格。

(2) 确定试件尺寸。即在试件标距内，测量三处横截面积，取其平均值作为试件的横截面积。

(3) 拟定加载方案。

(4) 小组人员进行分工，各司其职密切配合。

(5) 根据试件的布片情况和提供的设备条件确定最佳组桥方案并接线。

(6) 开机加载前，选好实验机的负荷量程并调零；调整好电阻应变仪，使它们处于平衡状态。

(7) 经检查无误后开机加载，进行实验，用慢速逐渐将载荷加至初载荷，记下此时应变仪的初读数，然后缓慢均匀地逐级加载，每增加一级载荷，记录一次纵、横向各点应变片相应的读数应变 ε_d，记录数据的同时，随时检查读数应变增量 $\Delta\varepsilon_d$ 是否符合线性变化规律，以判断实验是否正常。实验至少重复两次，如果数据稳定，即可结束。

(8)实验结束，卸载、关闭电源，拆线整理所有设备，清理实验现场，设备复原。数据经指导老师检查签字。

根据胡克定律可知，其测点处正应力的测量计算公式为材料的弹性模量 E 与测点处正应变的乘积，即

$$\sigma = E\varepsilon$$

五、实验结果处理

(1)用方格纸做出弹性阶段的 σ-ε 和 ε'-ε 曲线,将每个实验点都点在图上,然后拟合成直线,并注意原点位置的修正。

(2)采用平均法和最小二乘法数值分析方法，确定 E 和 μ 的数值。

① 平均法：

$$E = \frac{\Delta P}{A_0 \Delta \varepsilon_{均}}, \quad \mu = \left| \frac{\Delta \varepsilon'_{均}}{\Delta \varepsilon_{均}} \right|$$

② 最小二乘法：

$$E = \frac{\sum_{i=1}^{n} \sigma_i \varepsilon_i}{\sum_{i=1}^{n} (\varepsilon_i)^2}, \quad \mu = \left| \frac{\sum_{i=1}^{n} \varepsilon_i \varepsilon'_i}{\sum_{i=1}^{n} (\varepsilon_i)^2} \right|$$

(3)按规定格式写出实验报告。报告中各类表格、曲线、装置简图、原始数据应齐全。

材料弹性模量和泊松比的电测法实验报告

班级：_____　　　　姓名：_____　　　　实验日期：_____

一、实验目的

二、实验设备及试件

三、实验结果

(1)平均法：$E=$_____，$\mu=$_____。

(2)最小二乘法：$E=$_____，$\mu=$_____。

四、思考题

(1)实验时为什么要加初载 P_0？应变仪初读数 ε_0 的设定对本测量结果有无影响？

(2)采用什么措施可以消除偏心弯曲的影响？

(3)组桥方式对测量灵敏度有无影响？

(4)$K_{仪}$、$K_{丝}$不一致时，数据应如何修正？

(5)测量 E、μ 为什么要分级加载？最大载荷有什么限制？

成绩评定_____　　指导老师_____

实验八　偏心拉杆极值应力的电测法实验

一、实验目的

(1)测定偏心拉伸时的最大正应力,并与理论值进行比较。

(2)测定偏心拉伸试样的弹性模量 E 和偏心距 e。

(3)进一步学习用应变仪测量微应变的组桥原理和方法,并能熟练掌握、灵活运用。

二、实验设备及工具

(1)材料力学多功能实验台(CLDT-C)、偏心拉杆实验装置一套,XL2118A 型应力、应变综合参数测试仪。

(2)温度补偿电阻、螺丝刀等。

三、实验原理

本实验采用矩形截面的薄直板作为被测试样,其两端各有一偏离轴线的圆孔,通过圆柱销钉使试样与实验台相连,采用一定的加载方式使试样受一对平行于轴线的拉力作用。

在试样中部的两侧面或两表面上与轴线等距的对称点处沿纵向对称地各粘贴一枚单轴应变片,贴片位置和试样尺寸如图 1 和图 2 所示。

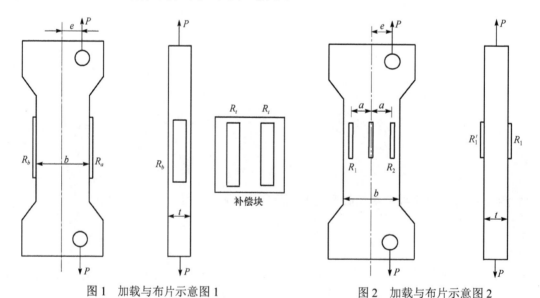

图 1　加载与布片示意图 1　　　　　　图 2　加载与布片示意图 2

偏心受拉构件在外载荷 P 的作用下,其横截面上存在的内力分量有:轴力 $F_N=P$,弯矩 $M=Pe$,其中 e 为构件的偏心距。内力分析如图 3 所示。

设构件的宽度为 b,厚度为 t,则其横截面面积 $A=tb$。在图 2 所示情况中,a 为构件轴线到应变计丝栅中心线的距离。根据叠加原理可知,该偏心受拉构件横截面上各点都为拉伸与

弯曲应力叠加的单向应力状态，其测点处正应力的理论计算公式为拉伸应力和弯矩正应力的代数和，即

$$\sigma = \frac{P}{A} \pm \frac{M}{W} = \frac{P}{tb} \pm \frac{6Pe}{tb^2} \quad \text{（对于图 1 布片方案）}$$

$$\sigma = \frac{P}{A} \pm \frac{M}{I}y = \frac{P}{tb} \pm \frac{12Pea}{tb^3} \quad \text{（对于图 2 布片方案）}$$

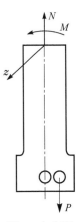

图 3　内力图

根据胡克定律可知，其测点处正应力的测量计算公式为材料的弹性模量 E 与测点处正应变的乘积，即

$$\sigma = E\varepsilon$$

1. 测定最大正应力，验证叠加原理

根据以上分析可知，受力构件上所布测点中最大应力的理论计算公式为

$$\begin{cases} \sigma_{\max,\text{理}} = \sigma_1 = \dfrac{P}{A} + \dfrac{M}{W} = \dfrac{P}{tb} + \dfrac{6Pe}{tb^2} & \text{（对于图1布片方案）} \\[3mm] \sigma_{\max,\text{理}} = \sigma_2 = \dfrac{P}{A} + \dfrac{M}{I}y_2 = \dfrac{P}{tb} + \dfrac{12Pea}{tb^3} & \text{（对于图2布片方案）} \end{cases} \quad (1)$$

而受力构件上所布测点中最大应力的测量计算公式为

$$\begin{cases} \sigma_{\max,\text{测}} = \sigma_1 = E \cdot \varepsilon_1 = E(\varepsilon_P + \varepsilon_M) & \text{（对于图1布片方案）} \\[2mm] \sigma_{\max,\text{测}} = \sigma_2 = E \cdot \varepsilon_2 = E(\varepsilon_P + \varepsilon_{Ma}) & \text{（对于图2布片方案）} \end{cases} \quad (2)$$

2. 测量各内力分量产生的应变成分 ε_P 和 ε_M

由电阻应变仪测量电桥的加减原理可知，改变电阻应变片在电桥上的连接方法，可以得到几种不同的测量结果。利用这种特性，采取适当的布片和组桥方式，便可以将组合载荷作用下各内力分量产生的应变成分分别单独地测量出来，从而计算出相应的应力和内力。这就是所谓的内力素的测定。

本实验是在一个矩形截面的板状试样上施加偏心拉伸力(图 1、图 2)，则该杆件的横截面上将承受轴向拉力和弯矩的联合作用。

(1)图 1 所示试样在中部截面的两侧面处对称地粘贴 R_a 和 R_b 两枚应变计，则 R_a 和 R_b 的应变均由拉伸和弯曲两种应变成分组成，即

$$\varepsilon_a = \varepsilon_P + \varepsilon_M , \quad \varepsilon_b = \varepsilon_P - \varepsilon_M \quad (3)$$

式中 ε_P、ε_M 分别表示由拉伸、弯曲所产生的拉应变、弯曲应变绝对值。

此时，可以采用四分之一桥连接、公共补偿、多点同时测量的方式组桥，测出各个测点的应变值，然后再根据式(3)计算出 ε_P 和 ε_M。也可以按图 4 方式组桥(当然还有其他组桥方案)，这时的仪器读数分别为

$$\varepsilon_{\text{du}} = 2\varepsilon_P \quad \text{[图 4(a)的读数]}$$

$$\varepsilon_{\text{du}} = 2\varepsilon_M \quad \text{[图 4(b)的读数]}$$

通常将从仪器上读出的应变值与待测应变值之比称为桥臂系数，上述两种组桥方式的桥臂系数均为 2。

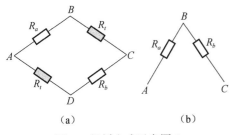

图 4　组桥方式示意图 1

(2)图 2 所示试样在中部截面处的前后两表面上、在轴线的两侧距离轴线为 a 处对称粘贴 R_1、R_2 和 $R_{1'}$、$R_{2'}$ 两枚应变计，则 R_1、R_2 和 $R_{1'}$、$R_{2'}$ 的应变均由拉伸和弯曲两种应变成分组成，即

$$\begin{cases} \varepsilon_1 = \varepsilon_P - \varepsilon_{Ma} + \varepsilon_{nq1}, & \varepsilon_1' = \varepsilon_P - \varepsilon_{Ma} + \varepsilon_{nq1}' \\ \varepsilon_2 = \varepsilon_P + \varepsilon_{Ma} + \varepsilon_{nq2}, & \varepsilon_2' = \varepsilon_P + \varepsilon_{Ma} + \varepsilon_{nq2}' \end{cases} \tag{4}$$
$$\varepsilon_{nq1} = -\varepsilon_{nq1}', \quad \varepsilon_{nq2} = -\varepsilon_{nq2}'$$

式中，$\varepsilon_P, \varepsilon_M$ 分别表示由拉伸、弯曲所产生的拉应变及弯曲应变的绝对值；ε_{nq} 是由构件的扭曲而产生的附加应变值，其正负无法确定。

此时，同样可以采用单臂连接、公共补偿、多点同时测量的方式组桥，测出各个测点的应变值，然后再根据式(4)计算出 ε_P 和 ε_M。也可以按图 5 方式组桥(或按其他组桥方案)，这时的仪器读数分别为

$$\varepsilon_d = 2\varepsilon_P \quad [图 5(a) 的读数]$$
$$\varepsilon_d = 4\varepsilon_M \quad [图 5(b) 的读数]$$

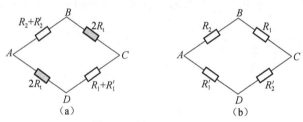

图 5　组桥方式示意图 2

可见，这两种组桥方式的桥臂系数分别为 2 和 4。

3. 弹性模量 E 的测量与计算

为了测定弹性模量 E，可按图 4(a) 或图 5(a) 组桥，并采用等增量加载的方式进行测试，即所增加荷载 $\Delta P_i = i\Delta F$。其中，$i = 1, 2, 3, 4, 5$，为加载级数；ΔF 为加在试样上的载荷增量值。在初载荷 P_0 时将应变仪调零，之后每加一级载荷就测得一拉应变 ε_{Pi}，然后用最小二乘法计算出所测材料的弹性模量 E，即

$$E = \frac{\Delta F}{tb} \frac{\sum\limits_{i=1}^{5} i^2}{\sum\limits_{i=1}^{5} i\varepsilon_{Pi}} \tag{5}$$

注意：实验中末级载荷 $P_5 = P_0 + 5\Delta F$ 不应超出材料的弹性范围。

4. 偏心距 e 的测量与计算

为了测定偏心距 e，可按图 4(b) 或图 5(b) 组桥，在初载荷 P_0 时将应变仪调零，增加载荷 $\Delta P'$ 后，测得弯曲应变 ε_M。根据胡克定律可知弯曲应力为

$$\sigma_M = E\varepsilon_M, \quad \sigma_{Ma} = E\varepsilon_{Ma}$$

而

$$\sigma_M = \frac{M}{W} = \frac{6\Delta P' e}{tb^2}, \quad \sigma_{Ma} = \frac{M}{I}a = \frac{12\Delta P' ea}{tb^3}$$

因此，所用试样的偏心距为

$$e = \frac{Etb^2}{6\Delta P'}\varepsilon_M, \quad e = \frac{Etb^3}{12\Delta P'a}\varepsilon_{Ma} \tag{6}$$

四、实验步骤

(1) 测量试件的尺寸及计算应力的理论值。按图 6 粘贴两枚应变片。

(2)接通电源,预热电阻应变仪约 20min。安装试样,调整实验机上、下铰座距离至合适高度。如图 7 所示,按实验要求接好线,调整好仪器,检查整个系统是否处于正常工作状态。

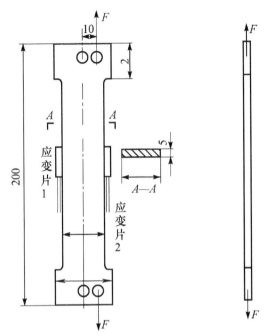

图 6　粘贴了应变片的偏心拉伸试件(尺寸单位:mm)　　　　图 7　试件安装

(3)测定轴力引起的拉应变 ε_P。

按图 4(a)或图 5(a)所示的组桥方式连接线路,然后检查线路连接的正确性,并逐一调节各通道为 0。拟定加载方案,均匀缓慢加载至初载荷,记下应变片的初始读数,然后分级等增量加载,依次记录各级载荷作用下的读数应变,直到载荷达到预设值。填入记录表格中。然后卸去全部载荷,重复测量三次。

(4)测定偏心拉伸时弯矩引起的弯曲应变 ε_M。

按图 4(b)或图 5(b)所示的组桥方式连接线路,然后检查线路连接的正确性,并逐一调节各通道为 0。先调好所用桥路的初始读数,逐级加载,记录各级载荷作用下的应变读数,直到最终载荷。卸去全部载荷,实验至少重复测量三次。

(5)实验结束后,卸掉载荷,仔细观察试件的变化。关闭电源,整理好所用仪器设备,清理实验现场并将设备复原。归整仪器,清理现场。

五、实验数据处理

根据测得的同载荷下的 ε_P 和 ε_M 值,取三次测试结果的平均值按式(2)进行数据处理,计算构件上所布测点的最大应力;并与由式(1)计算的理论值进行比较,求出相对误差。

在测得的 ε_P 数据中,比较三组测试结果,取数据较好的一组按式(5)进行数据处理,计算出所用材料的弹性模量 E 及其测量误差。

在测得的 ε_M 数据中,取三次测试结果的平均值按式(6)进行数据处理,计算构件的偏心距 e 及其测量误差。

偏心拉杆极值应力的电测法实验报告

班级：_____　　　　姓名：_____　　　　实验日期：_____

一、实验目的

二、实验设备及试件

三、实验数据记录（可自己设计数据记录表格，参考表格见表 1～表 3）

表 1　试样相关数据

试样尺寸	宽 $b=$　　mm，厚 $t=$　　mm，偏心距 $e=$　　mm，测点到轴线之距 $a=$　　mm
相关常数	弹性模量 $E=$　　　MPa，所粘贴应变计的灵敏系数 $K=$

表 2　拉应变的测试

相关数据	载荷增量 $\Delta F=$　　N，惯性矩 $I=$　　mm^4						
级别 i	应变仪读数 $\varepsilon_{di}/10^{-6}$			桥臂系数 α	测得值 $\varepsilon_{Pi}=\dfrac{1}{\alpha}\cdot\dfrac{K_y}{K}\varepsilon_{di}/10^{-6}$	i^2	$i\varepsilon_{Pi}/10^{-6}$
	1	2	3				
1							
2							
3							
4							
5							
Σ		—		—			—

表 3　弯曲应变的测试

相关数据			外加载荷 $\Delta P'=$　N，抗弯截面系数 $W=$　mm^3			
应变仪读数 $\varepsilon_{d}/10^{-6}$			平均值 $\overline{\varepsilon_{d}}/10^{-6}$	桥臂系数 α	测得值 $\varepsilon_M = \dfrac{1}{\alpha}\dfrac{K_y}{K}\overline{\varepsilon_d}/10^{-6}$	
1	2	3				

四、思考题

(1)对于图 1 所示的布片方案，如果按右图的方式进行组桥亦能测得拉应变 ε_P。请问：它与图 4(a)所示的组桥方式相比，哪个方案好些？为什么？

(2)本实验的误差主要是由哪些原因造成的？

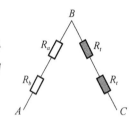

成绩评定＿＿＿＿＿＿＿＿＿＿＿＿＿　　指导老师＿＿＿＿＿＿＿＿＿＿＿＿＿

实验九　基于多功能实验台的弯扭组合变形实验

视频17.2-设备　视频17.3-设备　视频17.4-实验　视频17.5-实验　视频17.6-实验　视频17.7-实验　视频17.8-实验
组成介绍　　　组成介绍　　　步骤1　　　　步骤2　　　　步骤3　　　　步骤4　　　　步骤5

一、实验目的

(1)用电测法测定薄壁圆筒弯扭组合变形时的表面一点处的主应力大小和方向，并与理论值进行比较。

(2)测定薄壁圆筒在弯扭组合变形下的弯矩和扭矩。

(3)学习电阻应变花的应用。

(4)学习各种组桥方式测量内力的方法，进一步熟悉电测法的基本原理和操作方法。

二、实验设备及工具

(1)材料力学多功能实验台(CLDT-C)、弯扭组合实验装置一台、应力应变综合参数测试仪。

(2)游标卡尺、螺丝刀、温度补偿片、电阻应变片等。

三、实验原理

弯扭组合薄臂圆筒实验梁由薄壁圆筒、扇臂、手轮、旋转支座等组成。实验时，转动手轮，加载螺杆和载荷传感器都向下移动，载荷传感器就有压力电信号输出，此时电阻应变仪显示出作用在扇臂端的载荷值。扇臂端的作用力传递到薄壁圆筒上，使圆筒产生弯扭组合变形。薄壁圆筒材料为铝，其弹性模量 $E=206\text{GPa}$，泊松比 $\mu=0.3$。圆筒外径 $D=55\text{mm}$，内径 $d=51\text{mm}$，根据设计要求初载 $P_0 \geqslant 0.3\text{kN}$，终载 $P_{\max} \leqslant 1.2\text{kN}$。

1. 测定主应力的大小和方向

薄壁圆筒弯扭组合变形受力简图如图1所示。截面 A、B 为被测位置。当竖向荷载 P 作用在加力杆外伸端时，薄壁圆筒试样发生弯曲与扭转组合变形，A 点所在 $m—m$ 截面的内力有弯矩 M、剪力 Q 和扭矩 M_n。因此，该截面上同时存在弯曲引起的正应力和扭转引起的切应力（弯曲引起的切应力比扭转引起的切应力小得多，故在此不予考虑）。

由图2可看出，A 点单元体承受由弯矩产生的弯曲应力 σ_w 和由扭转产生的切应力 τ_n 的作用。这些应力可根据下列公式计算：

$$\sigma_w = \frac{M}{W_z}$$

式中，M 为弯矩，$M=Pl_1$。W_z 为抗弯截面模量，$W_z = \frac{\pi D^3}{32}(1-\alpha^4)$。

$$\tau_n = \frac{M_n}{W_t}$$

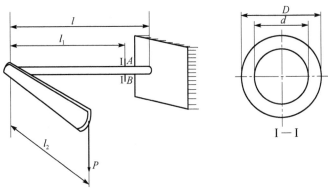

图 1 薄壁圆筒受力示意图

式中，M_n 为扭矩，$M_n = Pl_2$。W_p 为抗扭截面模量，$W_p = \dfrac{\pi D^3}{16}(1-\alpha^4)$。$\alpha = \dfrac{d}{D}$，$D$ 和 d 分别为圆筒的外径和内径。

算出 σ_w 及 τ_n 以后，根据式(1)计算出主应力的大小和方向。

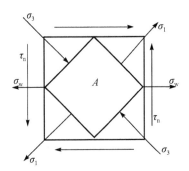

图 2 A 点应力单元体示意图

$$\sigma_1 = \frac{\sigma_w}{2} + \sqrt{\left(\frac{\sigma_w}{2}\right)^2 + \tau_n^2}$$

$$\sigma_3 = \frac{\sigma_w}{2} - \sqrt{\left(\frac{\sigma_w}{2}\right)^2 + \tau_n^2} \qquad (1)$$

$$\tan(2\alpha_0) = -\frac{2\tau_n}{\sigma_w}$$

弯扭组合变形构件表面上一点处于平面应力状态，若在被测位置 XY 平面内，沿 X、Y 方向的线应变为 ε_x、ε_y，剪应变为 γ_{xy}，根据应变分析可知，该点任一 α 方向的线应变计算公式为

$$\varepsilon_\alpha = \frac{\varepsilon_x + \varepsilon_y}{2} + \frac{\varepsilon_x - \varepsilon_y}{2}\cos(2\alpha) - \frac{1}{2}\gamma_{xy}\sin(2\alpha) \qquad (2)$$

主应变和主方向分别为

$$\begin{cases} \genfrac{}{}{0pt}{}{\varepsilon_1}{\varepsilon_3} = \dfrac{\varepsilon_x + \varepsilon_y}{2} \pm \sqrt{\left(\dfrac{\varepsilon_x - \varepsilon_y}{2}\right)^2 + \left(\dfrac{\gamma_{xy}}{2}\right)^2} \\[3mm] \tan(2\alpha_0) = -\dfrac{\gamma_{xy}}{\varepsilon_x - \varepsilon_y} \end{cases} \qquad (3)$$

对于各向同性材料，主应变 ε_1、ε_3 和主应力 σ_1、σ_3 方向一致。应用广义胡克定律，即可确定主应力 σ_1、σ_3：

$$\begin{cases} \sigma_1 = \dfrac{E}{1-\mu^2}(\varepsilon_1 + \mu\varepsilon_3) \\[3mm] \sigma_3 = \dfrac{E}{1-\mu^2}(\varepsilon_3 + \mu\varepsilon_1) \end{cases} \qquad (4)$$

式中，E、μ 分别为构件材料的弹性模量和泊松比。

在主应力方向无法估计时，应力测量常采用电阻应变花。应变花是把几个敏感栅制成特殊夹角形式,组合在同一基片上。常用的应变花有 45°、60°、90°和 120°等。在测量处的主应力方向不明确时,可采用 60°应变花确定主应力的大小和主方向;如果测点的主应力方向大致明确,则多采用 45°直角应变花;如测点主应力方向均为已知,可采用 90°直角应变花。

　　本实验装置采用的是 45°直角应变花,在 A、B 点各贴一枚,如图 3 所示,应变花上三个应变片的角分别为-45°、0、45°,代入式(2),得出沿这三个方向的线应变分别是

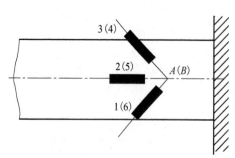

图 3　薄壁圆筒布片图

$$\begin{cases} \varepsilon_{-45°} = \dfrac{\varepsilon_x + \varepsilon_y}{2} + \dfrac{\gamma_{xy}}{2} \\ \varepsilon_{0°} = \varepsilon_x \\ \varepsilon_{45°} = \dfrac{\varepsilon_x + \varepsilon_y}{2} - \dfrac{\gamma_{xy}}{2} \end{cases} \quad (5)$$

从式(5)中解出

$$\begin{cases} \varepsilon_x = \varepsilon_{0°} \\ \varepsilon_y = \varepsilon_{45°} + \varepsilon_{-45°} - \varepsilon_{0°} \\ \gamma_{xy} = \varepsilon_{-45°} - \varepsilon_{45°} \end{cases} \quad (6)$$

将式(6)代入式(3),可得主应变和主方向为

$$\begin{cases} \left.\begin{array}{c} \varepsilon_1 \\ \varepsilon_3 \end{array}\right\} = \dfrac{\varepsilon_{45°} + \varepsilon_{-45°}}{2} \pm \dfrac{\sqrt{2}}{2} \sqrt{(\varepsilon_{45°} - \varepsilon_{0°})^2 + (\varepsilon_{-45°} - \varepsilon_{0°})} \\ \tan(2\alpha_0) = \dfrac{\varepsilon_{45°} - \varepsilon_{-45°}}{2\varepsilon_{0°} - \varepsilon_{-45°} - \varepsilon_{45°}} \end{cases} \quad (7)$$

再将主应变代入胡克定律式(4),得到主应力和主方向为

$$\begin{cases} \left.\begin{array}{c} \sigma_1 \\ \sigma_3 \end{array}\right\} = \dfrac{E(\varepsilon_{45°} + \varepsilon_{-45°})}{2(1-\mu)} \pm \dfrac{\sqrt{2}E}{2(1+\mu)} \sqrt{(\varepsilon_{45°} - \varepsilon_{0°})^2 + (\varepsilon_{-45°} - \varepsilon_{0°})^2} \quad (8) \\ \\ \tan(2\alpha_0) = \dfrac{\varepsilon_{45°} - \varepsilon_{-45°}}{2\varepsilon_{0°} - \varepsilon_{-45°} - \varepsilon_{45°}} \quad (9) \end{cases}$$

　　如果测得三个应变值 $\varepsilon_{45°}$、$\varepsilon_{0°}$ 和 $\varepsilon_{-45°}$,由式(8)和式(9)即可确定一点处主应力的大小和方向的实验值。

2. 测定弯矩

　　薄壁圆筒虽为弯扭组合变形,但 A、B 两点沿 x 方向只有弯曲引起的拉伸或压缩应变,且两者数值相等符号相反。因此,采用不同的组桥方式测量,即可得到 A、B 两点弯曲引起的轴向应变 ε_M,由广义胡克定律 $\sigma = E\varepsilon_M$ 和截面上最大弯曲正应力公式 $\sigma = M/W_z$,可得截面 A—B 上弯矩的实际值为

$$M = E\varepsilon_M W_z = \dfrac{E\pi(D^4 - d^4)}{32D}\varepsilon_M$$

　　注意图 3 中各应变片的应变为

$$\begin{cases} \varepsilon_{1号} = \varepsilon_m + \varepsilon_n + \varepsilon_t \\ \varepsilon_{2号} = \varepsilon_m + \varepsilon_t \\ \varepsilon_{3号} = \varepsilon_m - \varepsilon_n + \varepsilon_t \end{cases} \quad \begin{cases} \varepsilon_{4号} = -\varepsilon_m + \varepsilon_n + \varepsilon_t \\ \varepsilon_{5号} = -\varepsilon_m + \varepsilon_t \\ \varepsilon_{6号} = -\varepsilon_m - \varepsilon_n + \varepsilon_t \end{cases}$$

式中,ε_m 为弯应变;ε_n 为扭应变;ε_t 为温度应变。

3. 测定扭矩

当薄壁圆筒受纯扭转时，A、B 两点沿 $45°$ 方向和 $-45°$ 方向的应变片都是沿主应力方向。且主应力 σ_1 和 σ_3 数值相等符号相反。因此，采用不同的组桥方式测量，即可得到 A、B 两点由扭转引起的应变 ε_n。由平面应力状态的胡克定律可得

$$\sigma_1 = \frac{E}{1-u^2}(\varepsilon_1 + \mu\varepsilon_3) = \frac{E}{1-u^2}\left[\varepsilon_n + \mu(-\varepsilon_n)\right] = \frac{E\varepsilon_n}{1+\mu}$$

因扭转时主应力与剪应力相等，即 $\dfrac{E\varepsilon_n}{1+\mu} = \dfrac{T}{W_p}$。于是，可得截面 A—B 上转矩的实际值为

$$T = \frac{E\varepsilon_n}{1+\mu} \cdot \frac{\pi(D^4 - d^4)}{16D}$$

四、实验步骤

(1) 测量试件尺寸、加力臂的长度和测力点至力臂的距离。

(2) 将薄壁圆筒上应变片按不同测试要求接入电阻应变仪，组成不同的测量电桥，并调整好所用仪器设备。

① 测定主应力：将 A、B 两点的应变片按半桥接线、公共温度补偿法组成测量线路，进行半桥单臂测量。

② 测定弯矩 M 与扭矩 T：根据实验要求自行设计组桥方案。

提示：测定弯矩 M 时需消除扭转因素，将 A、B 两点的两个 $0°$ 方向的应变片组成半桥接线。测定扭矩 T 时需消除弯曲的因素，将 A、B 两点的四个 $45°$ 方向的应变片组成全桥接线。

(3) 实验加载。根据材料的许用应力，加载最大载荷为 1.2kN，采用等量加载法，即每次加 0.1kN，加 6 次。均匀慢速加载至初载荷 P，记录各点应变片的初读数，依次记录各点应变片的应变读数，直至最终载荷。每项实验至少重复两次。

(4) 完成一次实验内容后，重新组桥测试，重复步骤(3)。

(5) 完成全部实验内容后，卸除载荷，关闭电源，拆线整理所用仪器设备，清理现场，将所用仪器设备复原。

注意：实验装置中，圆筒的管壁很薄，为避免损坏装置，切勿超载，不能用力扳动圆筒的自由臂和力臂。

五、实验结果的处理

1. 确定单一内力分量及其所引起的应变

1) 测定弯矩

图 4 (a) 为从圆筒上表面看到的应变片分布及接线图。将 A、B 两点 $0°$ 方向的应变片按图 4 (b) 接成半桥线路进行半桥测量，由应变仪读数应变 ε_d 即可得到 A、B 两点由弯矩引起的轴向应变 ε_M 为

$$\varepsilon_M = \frac{\varepsilon_d}{2}$$

将上式代入 $M = \varepsilon_M E W_z$ 可得到截面 I—I 的弯矩实验值为

$$M = \frac{\varepsilon_d E W_z}{2}$$

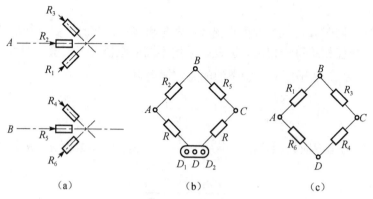

图 4　薄壁圆筒布片及接线图

2) 测定扭矩

A、B 两点四个 45°方向的应变片组成全桥接线如图 4(c)所示，由四个应变的组合可测定扭矩。此时应变仪的读数 $\varepsilon_\mathrm{d} = 4\varepsilon_n$。由前述分析可得

$$T = \frac{E\varepsilon_n}{1+\mu} \cdot \frac{\pi(D^4 - d^4)}{16D} = \frac{E\varepsilon_\mathrm{d}}{4(1+\mu)} \frac{\pi(D^4 - d^4)}{16D}$$

2. 计算 A、B 两点的主应力理论值并与实验值比较

图 5 为 A、B 两点的单元体应力状态图，则可计算 A、B 两点的主应力理论值。

根据式(1)，可分别计算出 A、B 两个测点的主应力大小和方向的夹角的理论值，实验值按式(8)和式(9)计算，然后将理论值与实验值进行比较。

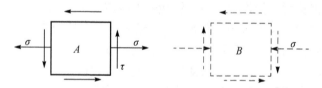

图 5　单元体应力状态图

六、思考题

(1)测量单一内力分量引起的应变，可以采用哪几种桥路接线法？

(2)在主应力测量中，45°直角应变花是否可沿任意方向粘贴？

基于多功能实验台的弯扭组合变形实验报告

班级：_____　　　　姓名：_____　　　　实验日期：_____

一、实验记录

1. 试件尺寸

名称	外径/mm	壁厚/mm	力臂/mm	弹性模量 E/GPa	泊松比 μ
数值					

2. 测试数据记录

1)测试主应力

载荷	读数应变 /$\mu\varepsilon$					
	应变片 A			应变片 B		
P/kN	$-45°$	$0°$	$+45°$	$-45°$	$0°$	$+45°$
0.2						
0.4						
0.6						
0.8						
1.0						
平均应变						

计算公式	测点 A $\varepsilon_{0°}=$ ... $\mu\varepsilon$ $\varepsilon_{45°}=$ ... $\mu\varepsilon$ $\varepsilon_{-45°}=$ ... $\mu\varepsilon$	测点 B $\varepsilon_{0°}=$ ... $\mu\varepsilon$ $\varepsilon_{45°}=$ ... $\mu\varepsilon$ $\varepsilon_{-45°}=$ ... $\mu\varepsilon$
主应变值 $\varepsilon_1 = \dfrac{\varepsilon_{-45°}+\varepsilon_{45°}}{2}+\dfrac{\sqrt{2}}{2}\times\sqrt{(\varepsilon_{-45°}-\varepsilon_{0°})^2+(\varepsilon_{0°}-\varepsilon_{45°})^2}$		
主应变值 $\varepsilon_3 = \dfrac{\varepsilon_{-45°}+\varepsilon_{45°}}{2}-\dfrac{\sqrt{2}}{2}\times\sqrt{(\varepsilon_{-45°}-\varepsilon_{0°})^2+(\varepsilon_{0°}-\varepsilon_{45°})^2}$		
主应力值/MPa $\sigma_1 = \dfrac{E}{1-\mu^2}(\varepsilon_1+\mu\varepsilon_3)$		
主应力值/MPa $\sigma_3 = \dfrac{E}{1-\mu^2}(\varepsilon_3+\mu\varepsilon_1)$		
主方向 $\tan(2\alpha_0) = \dfrac{\varepsilon_{45°}-\varepsilon_{-45°}}{2\varepsilon_{0°}-\varepsilon_{45°}-\varepsilon_{-45°}}$		

计算结果及误差:

主应力	测试值	理论值	误差
σ_1 / MPa			
σ_3 / MPa			

2) 测试弯矩和扭矩

载荷 P/kN	读数应变/$\mu\varepsilon$	
	测弯矩	测扭矩
0.2		
0.4		
0.6		
0.8		
1.0		
平均应变		

计算结果及误差:

弯矩或扭矩	测试值	理论值	误差
M/(N·m)			
T/(N·m)			

二、实验分析

三、思考题

(1) 测量单一内力分量引起的应变,可以采用哪几种桥路接线法?

(2) 在主应力测量中,45°直角应变花是否可沿任意方向粘贴?

(3) 弯扭组合变形所测四点的主应力大小及方向有什么关系?

(4) 主应力及方向测量值的误差由那些因数引起?

(5) 校核实验结果的正确性,并计算误差,分析误差产生的原因。

成绩评定_____　　　指导老师_____

实验十　不同材料的自由叠合梁弯曲正应力实验

一、实验简介

发生弯曲变形的杆件统称为梁，梁可以是由一种材料连续构成的，如房屋结构中的混凝土大梁、阳台梁，电机或机车主轴等，这种梁称为单一梁或整梁。但是，在工程实际中还有大量的梁是由同种材料或不同材料组合而成的，例如，工厂用的桥式吊车横梁是型钢和钢板构成的组合结构，吊车轨道梁是在钢筋混凝土主梁上铺设钢轨来共同支撑起吊重物重量的，汽车、电车上用到的弹簧钢板梁是由多层弯曲钢板相互叠合而成的等。这样的梁往往更能做到合理用材和满足工程实际的专门要求，把这种梁称为组合梁。

工程实际中的组合梁往往是多样、复杂的。这些梁的内力分配及应力分布的共同点与不同点，以及各种梁的承载能力评价参量及其大小等，都需要根据材料力学知识合理地提出力学计算模型，然后通过精确的对比实验及分析来认识。

为了深化梁的知识和做到理论与实验结合，对复杂多样的实际问题进行简化，将两根不同材料、同尺寸的矩形截面梁上下叠在一起进行实验，实验装置模型如图 1 所示。

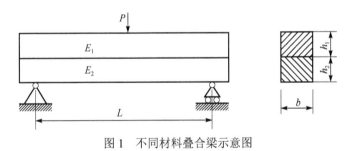

图 1　不同材料叠合梁示意图

二、实验目的

(1) 研究自由叠合梁中各梁的内力分配及应力分布。

(2) 了解电阻应变测试的方法。

(3) 深化对梁的认识，做到理论与实践的结合。

三、实验原理

设两梁在接触面处紧密叠合，且无摩擦力，惯性矩 I 相等，且在各自内力作用下绕自己的中性轴弯曲，弯曲后接触面仍保持处处接触。任一截面，上梁的内力素 Q_1、M_1，下梁的内力素分别是 Q_2、M_2。平衡方程为

$$Q_1 + Q_2 = \frac{P}{2}, \quad M_1 + M_2 = \frac{P}{2}x$$

如图 2 所示，当自由叠合梁在外加载荷的作用下产生横力弯曲时，设 M_1 是自由叠合梁第一根梁的弯矩，M_2 是自由叠合梁第二根梁的弯矩，那么此叠合梁截面所受总弯矩为

$$M_1 + M_2 = M(x)\big|_{x=a} \tag{1}$$

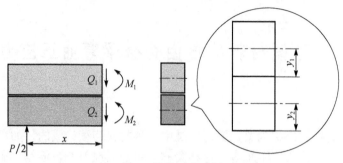

图 2　梁的受力分析

　　假设叠合梁在发生变形后，上梁中性层的曲率半径为 ρ_1，下梁中性层的曲率半径为 ρ_2，根据小变形假设，两个曲率半径近似相等，根据曲率方程可得

$$\frac{1}{\rho_1} = \frac{M_1}{E_1 I_1}, \quad \frac{1}{\rho_2} = \frac{M_2}{E_2 I_2} \tag{2}$$

式中，$E_1 I_1$ 为上梁的抗弯刚度；$E_2 I_2$ 为下梁的抗弯刚度。

　　正常情况下，普通梁的曲率半径 ρ_1 和 ρ_2 要比其高度 h_1 和 h_2 大得多，所以可以近似认为两者相等，由此推导出

$$\frac{1}{\rho_1} = \frac{1}{\rho_2}$$

则上述曲率方程可化成

$$\frac{1}{\rho_1} = \frac{M_1}{E_1 I_1} = \frac{1}{\rho_2} = \frac{M_2}{E_2 I_2}$$

　　将上面几个公式联立，可得

$$\begin{cases} \dfrac{1}{\rho_1} = \dfrac{1}{\rho_2} \\[2mm] \dfrac{1}{\rho_1} = \dfrac{M_1}{E_1 I_1} \\[2mm] \dfrac{1}{\rho_2} = \dfrac{M_2}{E_2 I_2} \\[2mm] M_1 + M_2 = M(x)\big|_{x=a} \end{cases}$$

解上述方程，可得

$$M_1 = \frac{1}{1 + \dfrac{E_2 I_2}{E_1 I_1}} M, \quad M_2 = \frac{1}{1 + \dfrac{E_1 I_1}{E_2 I_2}} M \tag{3}$$

　　梁的最大正应力公式为

$$\sigma_{\max} = \left(\frac{M_1 y_{\max}}{I_z} \right)_{\max} \tag{4}$$

则叠合梁上梁、下梁的最大正应力由以上推导公式可以分别表示为

$$\sigma_{1,\max} = \frac{M_1}{I_1} \frac{h}{2} = \frac{1}{1 + \dfrac{E_2 I_2}{E_1 I_1}} \frac{M}{I_1} \frac{h}{2}, \quad \sigma_{2,\max} = \frac{M_2}{I_2} \frac{h}{2} = \frac{1}{1 + \dfrac{E_1 I_1}{E_2 I_2}} \frac{M}{I_2} \frac{h}{2} \tag{5}$$

此外，有

$$W = \frac{I_z}{y_{\max}} \tag{6}$$

将上式抗弯刚度系数代入正应力公式，则

$$\sigma_{\max} = \left(\frac{M}{W}\right)_{\max} \tag{7}$$

如果叠合梁的截面是 $h_1 = h_2 = h$ 的矩形，则

$$W = \frac{I_z}{y_{\max}} = \frac{bh^2}{6} \tag{8}$$

特殊地，当两梁材料相同时，例如，同为 45 钢的单梁时，有

$$E_1 = E_2 = E_{钢}$$
$$I_1 = I_2 = I_z = bh^3/12$$
$$M_1 = M_2 = M/2$$

此时两梁的正应力公式为

$$\sigma_1 = \sigma_2 = \frac{M/2}{I_z/4} y = \frac{2M}{I_z} y \tag{9}$$

可以推导出叠合梁的最大正应力公式是

$$\sigma_{\max} = 3\frac{M}{bh^2} \tag{10}$$

该值为同尺寸单梁最大正应力的 2 倍，叠合梁的正应力分布如图 3 所示。

四、实验设备及试件

（1）DLNKJ-150-500 系列力尔拉扭组合多功能实验机。

（2）游标卡尺、直钢尺及钢板尺等。

（3）相同尺寸的铝梁和钢梁。

不同材料叠合梁实验装置简介：摆放

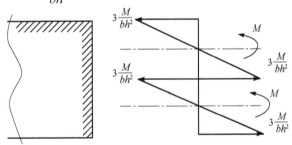

图 3　同材料叠合梁截面应力分布图

位置及相关参数如图 4 所示，上梁为 1 号铝梁，下梁为 2 号钢梁；两梁尺寸相同：宽 30mm，高 50mm，总长 460mm，支座间距 400mm，贴片截面距右支座距离 150mm。铝梁参考数据：$E_1 = 68\text{GPa}$，$\mu = 0.32$，$G = 26\text{GPa}$，$\sigma_s = 180\text{MPa}$。45 钢梁参考数据：$E_2 = 200\text{GPa}$；$\mu = 0.33$；$\sigma_s = 355\text{MPa}$。各梁贴片方式相同，均自上而下 5 个纵向应变片，均为单臂桥，上梁 1～5 通道，下梁 6～10 通道。计算额定最大载荷为 60kN。

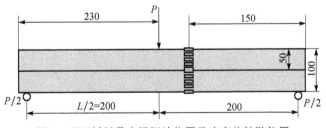

图 4　不同材料叠合梁摆放位置及应变片粘贴位置

五、实验步骤

(1)量取两根同材料梁的实际尺寸并记录。因为有一定的加工误差和装配误差，故所有实际尺寸必须用游标卡尺及钢尺实测得到，测得的各个实际尺寸要记录于实验报告里。

(2)按图 4 所示，1 号铝梁在上，2 号钢梁在下，上下叠放于实验机平台上滑道的两个支座上，支座间距 400mm，加载点位于梁的中点。接通装置的通道数据连线。

(3)开启与实验机配套的计算机，启动桌面上的"力尔实验系统"，调试实验梁的 1～10 通道的零点平衡。

(4)启动设备电源，按住操作面板的"快降"按钮，移动中间加载动力梁，使下压缩加载头移动到接近叠合梁的中点加载位置。

(5)按实验菜单下的顺序做实验(具体操作参见程序中的提示)。

实验机的承受最大载荷为60kN，但综合考虑各种因素，设置停机条件的载荷条件为10kN；注意设置实验参数设定；设置停机条件的载荷条件为10kN；选择实验类型为"不同材料叠合梁实验"；启动数据采集。

(6)启动加载速度调节。

(7)加载到设定值后自动停机。单击"上行"卸载，调节较大速度，待卸载到加载头离开梁相当距离后，停机，卸载完毕。

(8)填写实验报告。

(9)退出数据采集软件系统、关闭计算机、关闭实验机电源、收起实验装置、清理现场。

六、实验注意事项

(1)叠合梁实验装置一定要放在正中位置，前后对正。

(2)加载时必须十分缓慢，加载速率一般为 0.05mm/min。

(3)停机载荷条件要合适，不可过大也不可过小。

(4)实验结束，应将加载平台移动到上下合适位置后，关闭电源，清理现场，结束实验。

(5)实验前，为减少两梁之间的摩擦力影响，可在两梁的接触表面均匀而又薄薄地涂一层润滑油。

(6)以上以不同材料叠合梁实验进行叙述，同材料叠合梁实验方法与之完全相同，只需换成两根同材料梁即可。

七、思考题

(1)比较同材料的两根梁与不同材料的两根梁叠加的结果，两者有何不同？

(2)实验中，未考虑梁的自重，这样是否会影响实验的准确性？简述理由。

(3)实验中若有需要改进的地方，请提出更合理的方案(选做)。

不同材料的自由叠合梁弯曲正应力实验报告

班级：_____ 姓名：_____ 实验日期：_____

一、实验目的

二、实验设备和仪器及试样记录（规格、型号）

设备仪器：

序号	名称	型号	量程	备注
1				
2				
3				

试样装置尺寸记录：

H(单梁高)/mm	L(梁长)/mm	B(梁宽)/mm	E_1/GPa	E_2/GPa

三、实验数据处理（写出必要的计算步骤）

项目	电阻应变计读数									
	上梁					下梁				
	测点 1	测点 2	测点 3	测点 4	测点 5	测点 1	测点 2	测点 3	测点 4	测点 5
ε_i/mm										
σ_i/MPa										
P/kN										
备注										

（说明：①做实验时仅需填写 ε_i 行，其他行做完实验进行计算后填写；②各梁测点顺序为自梁顶至梁底依次为测点 1、2、3、4、5，计算公式为 $\sigma = E\varepsilon$，$\sigma = \dfrac{My}{I_z}$。）

　　根据实验所测静力应变值求出相应点的应力值，计算求出不同材料叠合梁最大承受载荷 P。

四、思考题

　　(1)在本实验中，如果改为同材料的两根梁叠加，结果与不同材料的两根梁有何不同？

　　(2)实验中，未考虑梁的自重，这样是否会影响实验的准确性？简述理由。

　　(3)实验中若有需要改进的地方，请你提出更合理的方案(选做)。

　　成绩评定＿＿＿＿＿＿＿＿＿＿＿＿　　　　指导老师＿＿＿＿＿＿＿＿＿＿＿＿

实验十一 不同材料的楔块叠合梁弯曲正应力实验

一、实验简介

发生弯曲变形的杆件在力学上统称为梁，根据支座情况的不同，常见的静定梁有悬臂梁、简支梁和外伸梁三种。在工程实际中还有大量的梁是由同种材料或不同材料组合而成的，有些是超静定的。为了深化对梁的知识，请做两根相同截面矩形梁通过楔块连在一起的楔块梁，如图 1 所示。

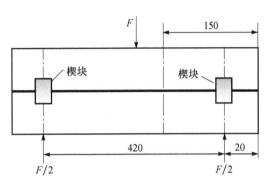

要理解这种梁的内力分配及应力分布有什么特点，这就需要首先根据材料力学知识合理地提出力学模型并进行理论计算，然后再通过实验对比来进一步理解和认识。

图 1 不同材料楔块叠合梁实验装置示意图

（单位：mm）

二、实验目的

(1) 验证楔块叠合梁的理论推导公式。

(2) 学会电阻应变片选型、粘贴应变片、桥路连接。

(3) 掌握电测法基本原理，能够测出楔块叠合梁的应变。

(4) 了解力尔材料实验机的工作原理并可以熟练使用。

三、实验设备及试件

(1) DLNKJ-150-500 系列力尔拉扭组合多功能实验机。

(2) 游标卡尺、直钢尺及钢板尺等。

(3) 相同尺寸的铝梁和钢梁。

四、实验原理

矩形截面叠合梁由两种不同材料制成。两梁几何形状相同，弹性模量分别为 E_1 和 E_2，梁宽为 b，上、下层材料的高度均为 h。梁两端受一对弯矩 M 作用。对叠合梁的弯曲变形依然做平面假设。叠合梁通过楔块连接时，可看成近似的整梁。设 y 轴和 z 轴分别为截面的对称轴和中性轴，材料不同时，中性层的位置不在叠合梁截面形心处，假设中性层位于距离上下梁的叠合面 y_c 处，y_c 值待定，如图 2 所示。

根据平面截面假设可知，纵向正应变为

$$\varepsilon = -\frac{y}{\rho} \tag{1}$$

式中，ρ 是中性层处梁轴线的曲率半径。当叠合梁的正应力不超过材料的比例极限时，根据胡克定律，上梁和下梁的正应力分别为

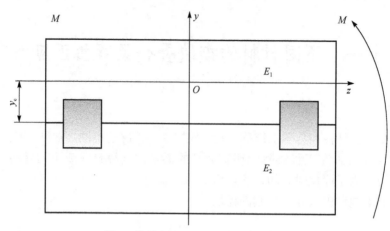

图2 楔块叠合梁中性轴分析示意图

$$\sigma_1 = -\frac{E_1}{\rho}y, \quad \sigma_2 = -\frac{E_2}{\rho}y \tag{2}$$

可见上下梁的正应力仍然随 y 坐标呈线性分布，但两者变化率不同，所以在上下梁的交界处，正应力发生突变。因为截面的轴向力为零，所以

$$\int_{A_1}\sigma_1 dA_1 + \int_{A_2}\sigma_2 dA_2 = 0$$

将式(1)代入后可得

$$E_1\int_{A_1}y dA_1 + E_2\int_{A_2}y dA_2 = 0 \tag{3}$$

或者

$$E_1 S_1 + E_2 S_2 = 0$$

式中，S_1 和 S_2 分别是 A_1 和 A_2 对中性轴的面积矩。因为它们是等宽度的矩形截面，所以

$$S_1 = \int_{A_1}y dA = \left(\frac{h}{2} - y_c\right)bh$$

$$S_2 = \int_{A_2}y dA = -\left(\frac{h}{2} + y_c\right)bh \tag{4}$$

由此可以确定中性层的位置。根据截面上力矩的平衡条件，有

$$\int_{A_2}\sigma_2 y dA_2 - \int_{A_1}\sigma_1 y dA_1 = M \tag{5}$$

将应力代入后得

$$\frac{E_1}{\rho}\int_{A_1}y^2 dA_1 + \frac{E_2}{\rho}\int_{A_2}y^2 dA_2 = M$$

因此，中性层的曲率为

$$\frac{1}{\rho} = \frac{M}{E_1 I_1 + E_2 I_2} \tag{6}$$

式中，I_1 和 I_2 分别为 A_1 和 A_2 对中性轴 Oz 的惯性矩。将式(6)代入应力的表达式，得到

$$\sigma_1 = \frac{ME_1}{E_1 I_1 + E_2 I_2}y, \quad \sigma_2 = \frac{ME_2}{E_1 I_1 + E_2 I_2}y \tag{7}$$

五、实验装置及贴片方案

不同材料楔块梁实验装置,如图 3 所示。1 号上梁为铝梁,E_1= 68GPa,μ=0.32,G=26GPa,σ_s=180MPa;3 号下梁为公用钢梁 E_3=200GPa;μ=0.33;σ_s=355MPa。

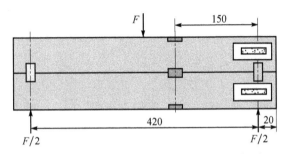

图 3 不同材料楔块梁实验装置及贴片示意图

两梁尺寸相同:总长 440mm,支座间距 400mm,右支座到片中心距离 150mm;截面尺寸:高 35mm,宽 30mm。1 号铝梁在上,3 号公用梁在下,缺口相对。贴片截面距右支座 150mm。各梁贴片方式如图 3 所示,均自上而下布置 2 个纵向应变片,均为单臂桥,上梁 1-2 通道,下梁 3-4 通道。

同材料楔块梁实验装置,上梁下梁均为钢梁;两梁尺寸相同,且同上。2 号钢梁在上,3 号公用梁在下,缺口相对。梁贴片方式如图 3 所示,均自上而下 2 个纵向应变片,均为单臂桥,上梁 1-2 通道,下梁 3-4 通道。

六、实验步骤

(1)采用一根材料为 Q235 钢的单梁和一根材料为铝的单梁,量取其实际尺寸并记录。将组合好的楔块叠合梁放到实验机的工作台上,对称放置,简支梁滑道作为两个支点,构成简支梁结构,两支点之间的距离为 404mm,在梁的中心处划上记号,将测量的数据做好记录。

(2)将两个单梁中间用楔块连接成一个整体并放在实验加载台上,将楔块叠合梁上粘贴的应变片组成的桥路引线连接到测试通道面板,尽量保证桥路之间相对绝缘,电阻、引线互相不碰触。电路连接方式为 1/4 电桥。

(3)按下实验机操作面板的"启动"按钮,打开计算机上的力尔实验系统,并单击"运行"。进入实验系统后,查看实验须知。查看通道信息,若 1、2、3、4 通道信息都不是 8000,则表示接入的线路有信息。

(4)可以手动按实验机操作面板上的下降按钮,使移动箱下的中间动力梁向下移动,将动力梁移动到与楔块叠合梁中间受力点接近的地方,并与中间受力点留有一定空隙。

(5)在系统程序中通道自动平衡后,先进行用户登录,输入登录密码,然后设定自己需要的停机值 6000N,然后单击实验选择,选择用户自制实验,输入楔块叠合梁的标距为 440mm,再次设定停机载荷值为 6000N,单击"启动"。

(6)当动力梁还未移动到受力点位置时,可适当调节其下降速度。

(7)加载到停机载荷值后会自动停机,选择保存实验数据,然后可以自动卸载,亦可手动卸载,使动力梁与楔块叠合梁保持一定距离后,停机结束。

（8）如需再做一次实验，单击实验选择中的重启实验，使之前的实验数据清零。如不需要则退出力尔实验系统。

（9）最后整理实验现场，关闭计算机与实验机的电源，并打扫实验室。

七、实验注意事项

（1）任何机加工工件都会有加工误差和装配误差，故所有实际尺寸必须用游标卡尺及钢尺实测得到。

（2）按图 4 所示，1 号梁在上，3 号梁在下，下梁放于实验机平台上滑道的两个支座上，两梁两端之间垫支，支座间距 400mm，加载点位于梁的中点。接通装置的通道数据连线。

（3）选择实验，注意预紧力不能太大，以压力达到 100N 即可。

（4）设置好实验参数；设置停机条件 50kN（特别强调：停机条件不能填错）；启动数据采集，调节加载速度，注意加载时必须十分缓慢。

（5）实验装置一定要放在正中位置，前后左右对正。

图 4　楔块叠合梁加载图

不同材料的楔块叠合梁弯曲正应力实验报告

班级：_____　　　姓名：_____　　　实验日期：_____

一、实验目的

二、实验设备和仪器及试样记录（规格、型号）

设备仪器：

序号	名称	型号	量程	备注
1				
2				
3				

试样装置尺寸记录：

H(单梁高)/mm	L(梁长)/mm	b(梁宽)/mm	E/GPa

三、实验数据处理（写出必要的计算步骤）

载荷/N	电阻应变计读数									
	测点 1		测点 2		测点 3		测点 4		测点 5	
	ε	$\Delta\varepsilon$	ε	$\Delta\varepsilon$	ε	$\Delta\varepsilon$	ε	$\Delta\varepsilon$	ε	$\Delta\varepsilon$
F_1		—		—		—		—		—
F_2										
F_3										
F_4		—		—		—		—		—
$\overline{\Delta\varepsilon}$										
$\Delta\sigma_{实}$										
$\Delta\sigma_{理}$										
$\eta=\dfrac{\Delta\sigma_{实}-\Delta\sigma_{理}}{\Delta\sigma_{理}}\times100\%$										

参考公式：$\sigma = E\varepsilon$，$\sigma = \dfrac{My}{I_z}$。

四、思考题

(1) 实验中，未考虑梁的自重，这样是否会影响实验的准确性？简述理由。

(2) 实验中若有需要改进的地方，请你提出更合理的方案(选做)。

实验十二　压杆稳定临界载荷的电测法实验

17.9-设备介绍　17.10-设备介绍　17.11-实验步骤 1　17.12-实验步骤 2　17.13-实验步骤 3　17.14-实验步骤 4　17.15-实验步骤 5

一、实验目的

(1) 观察两端铰支细长压杆丧失稳定的现象。

(2) 用电测法测定两端铰支压杆的临界载荷 $P_{cr实}$，增强学生对压杆承载及失稳的感性认识，加深对压杆承载特性的认识，理解压杆是实际压杆的一种抽象模型。

(3) 实测临界力 $P_{cr实}$ 与理论计算临界力 $P_{cr理}$ 进行比较，并计算其误差值：

$$\frac{P_{cr理} - P_{cr实}}{P_{cr理}} \times 100\%, \qquad P_{cr理} = \frac{\pi^2 EI}{(\mu l)^2}$$

二、实验设备及工具

采用电阻应变测量法研究压杆的临界载荷需用到的仪器设备有：材料力学多功能实验台、XL2118A 型应变综合参数测试仪、应变片、直尺、游标卡尺等。矩形截面试件厚度 $h=3mm$，宽度 $b=20mm$，长度 $l=325mm$。试件及夹具如图 1 所示。试件由弹簧钢制成，$E=200GPa$，两端是带圆角的刀刃。装置上、下支座为 V 形槽口，将带有圆弧尖端的压杆装入支座中，在外力的作用下，通过能上下活动的上支座对压杆施加载荷，压杆变形时，两端能自由地绕 V 形槽口转动，即相当于两端铰支的情况。V 形槽两侧装有可伸缩的螺钉，用以改变压杆的约束状态。

三、实验内容

在材料力学多功能实验台上测定压杆在各种约束情况下试件的临界力。

四、实验原理和方法

压杆稳定实验台主要由手轮、拉力传感器、千分表、蜗杆升降机构、上、下铰支座、框架、试件等组成。试件材料为弹簧钢，$E=200GPa$。

根据材料力学理论，两端铰支细长压杆的临界载荷 F_{cr} 为

$$F_{cr} = \frac{\pi^2 EI_{min}}{l^2} \tag{1}$$

式中，I_{min} 为压杆横截面的最小轴惯性矩，$I_{min} = \dfrac{bh^3}{12}$；$l$ 为压杆长度。

对于理想压杆，当轴向压力 $F<F_{cr}$ 时，F 与压杆中点的挠度 δ 的关系如图 2 中的竖直线段 OA 所示。当压力 $F \approx F_{cr}$ 时，在小挠度情况下，F 与 δ 的关系如图 2 中的水平线 AB 所示。实际的压杆存在初曲率，在压力偏心及材料不均匀等因素的影响下，F-δ 曲线如图 2 中的 OC 所

示。当 F 接近 F_{cr} 时，δ 急剧增大，如图 2 中 CD 所示，它以直线 AB 为渐近线。因此，根据 F-δ 曲线，由 CD 的渐近线即可确定压杆的临界载荷 F_{cr}。

当采用电阻应变法测量时可以用压力应变曲线 F-ε 代替 F-δ 曲线，通过 F-ε 曲线的水平渐近线来确定临界力 F_{cr}，原理如下：

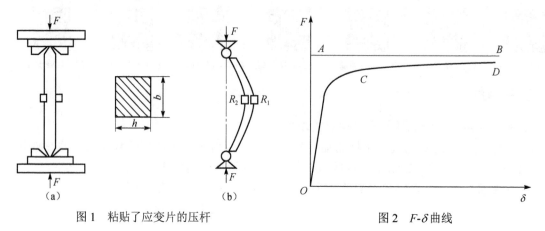

图 1　粘贴了应变片的压杆　　　　　　　　图 2　F-δ 曲线

在压杆中间截面的上下表面沿轴向分别粘贴一枚电阻应变片 R_1 和 R_2，如图 1 所示。假设压杆受力后如图向右弯曲情况下，以 ε_1 和 ε_2 分别表示应变片 R_1 和 R_2 左右两点的应变值。试件贴片处横截面上的内力为轴向压力 N 和弯矩 M，如图 3 所示。R_1 和 R_2 的应变由温度应变、轴向压应变 ε_F、弯矩应变 ε_M 三部分组成。设 R_1 和 R_2 对应的应变为 ε_1 和 ε_2，则

$$\varepsilon_1 = \varepsilon_t + \varepsilon_F + \varepsilon_M, \quad \varepsilon_2 = \varepsilon_t + \varepsilon_F - \varepsilon_M \tag{2}$$

当 $P \ll P_{cr}$ 时，压杆几乎不发生弯曲变形，ε_1 和 ε_2 均为轴向压缩引起的压应变 ε_F，两者相等；当载荷 P 增大时，弯曲应变逐渐增大，ε_1 和 ε_2 的差值也越来越大；当载荷 P 接近临界力 P_{cr} 时，两者相差更大，而 ε_1 变成拉应变。故无论 ε_1 还是 ε_2，当载荷 P 接近临界力 P_{cr} 时，均急剧增加。如用横坐标代表载荷 P，纵坐标代表压应变 ε，则压杆的 P-ε 关系曲线如图 4 所示。从图中可以看出，当 P 接近 P_{cr} 时，P-ε_1 和 P-ε_2 曲线都接近同一水平渐进线 AB，A 点对应的横坐标大小即为实验临界压力值。

图 4 中 AB 水平渐进线与 P 轴相交的 P 值，即为依据欧拉公式计算所得的临界力 P_{cr} 的值。在 A 点之前，当 $P < P_{cr}$ 时压杆始终保持直线形式，处于稳定平衡状态。在 A 点，$P = P_{cr}$ 时，标志着压杆丧失稳定平衡的开始，压杆可在微弯的状态下维持平衡。在 A 点之后，当 $P > P_{cr}$ 时压杆将丧失稳定而发生弯曲变形。因此，P_{cr} 是压杆由稳定平衡过渡到不稳定平衡的临界力。

实际实验中的压杆，由于不可避免地存在初曲率，还受材料不均匀和载荷偏心等因素影响，在 P 远小于 P_{cr} 时，压杆也会发生微小的弯曲变形，只是当 P 接近 P_{cr} 时弯曲变形会突然增大，而丧失稳定。

采用双臂半桥接线法(图 5)，则应变仪的读数为

$$\varepsilon_d = \varepsilon_1 - \varepsilon_2 = 2\varepsilon_M \tag{3}$$

由此可知，应变仪显示的应变读数 ε_d 是弯矩应变 ε_M 的 2 倍。而在弹性范围内，弯矩应变为

$$\varepsilon_M = \frac{\sigma_M}{E} = \frac{M \times \frac{h}{2}}{I_{\min}} \frac{1}{E} = \frac{F\delta \times \frac{h}{2}}{I_{\min}} \frac{1}{E} = \frac{\varepsilon_{\mathrm{d}}}{2}$$

由此可得

$$F\delta = \frac{EI_{\min}}{h} \varepsilon_{\mathrm{d}} \tag{4}$$

由式(4)可知，一定的轴向压力 F 作用下 ε_{d} 的大小反映了试件中点挠度 δ 的大小，故可由实验数据绘制 $F\text{-}\varepsilon_{\mathrm{d}}$ 曲线，根据 $F\text{-}\varepsilon_{\mathrm{d}}$ 曲线的水平渐近线来确定临界载荷 F_{cr}。

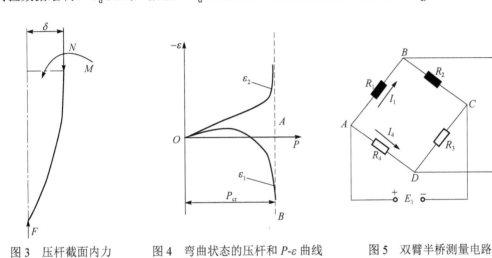

图 3 压杆截面内力　　图 4 弯曲状态的压杆和 $P\text{-}\varepsilon$ 曲线　　图 5 双臂半桥测量电路

五、实验步骤

(1) 测量试件的长度 l 及横截面尺寸，设计好本实验所需的各类数据表格，按式(1)计算理论临界载荷 $F_{\mathrm{cr理}} = 841\mathrm{N}$。

(2) 按图 2 在试件上粘贴应变片，调整实验机上、下夹头距离至合适高度。用摆锤检查上、下 V 形槽是否错位，确保没有错位后将试件装入 V 形槽内，如图 6 所示。

(3) 按图 5 双臂半桥电路接线。

图 6 压杆的安装实物图

(4)拟定加载方案。在预估临界力值的 80%以内，可采取大等级加载，进行载荷控制。例如，可以分成 4 级或 5 级，载荷每增加一个 ΔP，记录相应的应变值一次，超过此范围后，当接近失稳时，变形量快速增加，此时载荷量应取小些，或者改为变形量控制加载，即变形每增加一定数量读取相应的载荷，直到 ΔP 的变化很小，出现四组相同的载荷或渐进线的趋势已经明显(此时可认为此载荷值为所需的临界载荷值)。

(5)根据加载方案，调整好实验加载装置。

(6)按实验要求接好线，调整好仪器，检查整个测试系统是否处于正常工作状态。

(7)分两个阶段加载。在达到理论临界载荷 F_{cr} 的 80%之前，由载荷控制，每增加一级载荷 ΔF，记录一次应变值 ε_1 和 ε_2；超过 F_{cr} 的 80%以后，改为由变形控制，每增加一定的挠度或应变读取相应的载荷。直到 ΔF 的变化很小，渐近线的趋势已经明显，卸去载荷。

(8)将夹具下端的伸缩螺钉夹紧试件，夹紧时注意左右对称，勿使试件产生弯曲。重复步骤(7)再进行实验。

(9)实验结束后，逐级卸掉载荷，仔细观察试件的变化，直到试件回弹至初始状态。关闭电源，整理仪器设备，清理实验现场并将设备复原。

压杆稳定临界载荷的电测法实验报告

班级：＿＿＿＿＿＿＿　　　姓名：＿＿＿＿＿＿＿　　　实验日期：＿＿＿＿＿＿＿

一、实验记录

1. 试件尺寸

名称	厚度 h/mm	宽度 b/mm	长度 l/mm	弹性模量 E/GPa
数值				

2. 用方格纸绘出 P_1-ε_1 和 P_1-ε_2 曲线，以确定实测临界力 $P_{cr实}$

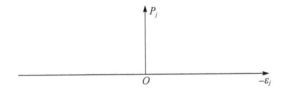

3. 计算理论临界力 $P_{cr理}$

试件最小惯性矩 $I_{min} = \dfrac{bh^3}{12} =$ ＿＿＿＿＿＿ m^4。

理论临界力 $P_{cr理} = \dfrac{\pi^2 E I_{min}}{(\mu l)^2}$。

4. 实验值与理论值比较

实验值 $P_{cr实}$	
理论值 $P_{cr理}$	
误差百分比 $\left(\left\vert P_{cr理} - P_{cr实}\right\vert / P_{cr理}\right)$ /%	

二、实验误差分析

三、思考题

(1)为什么说试件的厚度对临界载荷影响极大？

(2)压缩实验与压杆稳定实验目的有何不同？

(3)失稳现象与屈服现象本质上有何不同？

实验十三　不同加载速率及加载路径下金属的拉伸破坏实验

一、实验目的

(1)测定不同加载速率及加载路径下低碳钢的屈服极限 σ_s、强度极限 σ_b；延伸率、断面收缩率。

(2)观察实验中所用低碳钢试件在拉伸过程中可能出现的规律、现象，并根据实验数据绘制出应力-应变曲线、F-Δl 曲线。

(3)在不同加载速率及加载路径作用下，比较低碳钢在拉伸过程中的力学性能特点、试件破坏特征、断口形状等。

二、实验设备及试件

(1)电子式拉扭实验机(WDD-LCJ)。

(2)游标卡尺、钢尺。

(3)低碳钢、铸铁标准试件。

三、实验原理和方案

1. 实验原理

见"实验一金属材料拉伸实验"。

2. 实验方案

取相同尺寸的低碳钢标准试件五个，量取其标距 l_0=100mm 及直径 d_0=10mm，利用力尔 LCJ 教学实验机分别对 5 个低碳钢试件进行拉伸实验，具体的加载速率和加载路径方案分别见表1、表2。根据实验过程中记录的数据，分析这五个标准试件在拉伸过程中力学性能的变化规律，仔细观察各个试件断口形状的异同，并绘制曲线，对曲线进行直观、清晰的分析和比较。

表 1　低碳钢拉伸的加载速率方案

试件	加载速率/(mm/min)
低碳钢 1	1.0
低碳钢 2	1.5
低碳钢 3	2.0
低碳钢 4	2.5

表 2　低碳钢拉伸的加载路径方案

试件	加载路径	加载过程
低碳钢 2	路径 1	整个拉伸过程都以 1.5mm/min 的速率进行加载
低碳钢 5	路径 2	先以 1.5mm/min 进行加载，达到最大应力 σ_b 时以 1.5mm/min 进行卸载，当卸载到拉力 F 近似为 0 时，再以 1.5mm/min 的加载速率对此低碳钢试件进行缓慢加载

四、实验步骤及数据处理

1. 实验步骤

参见"实验一：金属材料拉伸实验"。

2. 实验数据的采集

按照正确的实验步骤进行拉伸实验，利用力尔实验系统的数据采集功能实时存储实验数据，力尔实验系统的具体操作步骤参见力尔实验系统件使用说明。

在对实验数据进行采集的过程中，实验者要在观察力尔 LCJ 实验机上试件在标距范围内直径的变化情况及试件在轴向伸长情况的同时，时刻注意电脑屏幕上所显示的实验曲线的变化情况。将低碳钢试件拉断需要的时间较长，所以要有耐心，当试件被拉断后即可得到拉伸曲线和实时采集的拉伸数据。

3. 试件拉断后的处理

取下拉断后的试件，仔细观察试样的断口形状，然后将两段低碳钢对接上，观察并用游标卡尺测量标距 l_0 和直径 d_0 的尺寸变化情况，分别记录量取的 l_0 和断裂处的 d_0 值。

4. 退出实验系统

首先，在确保实验数据保存好的情况下，依次退出数据采集系统、力尔实验系统；然后关闭计算机和力尔 LCJ 实验机；最后切断电源，清理现场。

5. 实验数据处理

根据拉伸实验中得到的数据，分析低碳钢的屈服极限 σ_s、强度极限 σ_b；延伸率 δ、断面收缩率 ψ 等；观察实验中所用低碳钢试件在拉伸过程中可能出现的规律和现象，并根据实验数据绘制出 $\sigma\text{-}\varepsilon$ 曲线、$F\text{-}\Delta l$ 曲线。

相关公式：

伸长率：$\delta = \dfrac{l_1 - l_0}{l_0} \times 100\%$ ；断面收缩率：$\psi = \dfrac{A_0 - A_1}{A_0} \times 100\%$ 。

五、实验注意事项

(1)一般情况下，低碳钢试件的加载速率在 1～3mm/min 范围内，试件拉断后一定要立即停止加载。

(2)拉伸实验结束后，应将用于加载的下横梁移动到合适的位置，再单击"关闭"按键，然后切断电源并清理现场。

(3)试件拉断后，在量取 l_0 时，如果发现试件断裂后的断口与标距 l_0 任一端点的距离小于或等于 $l_0/3$ 时，则采用"移位法"来测量"l_0"。如图 1 所示，A、B 为标距的两个端点，O 为试件的断裂截面点，设点 O 到端点 A 的距离小于或等于 $l_0/3$，用游标卡尺量取 $OC=OA$ 可以得到 C 点，选取 BC 的中点为 D 点，则试件拉断后的标距为 $l_0=2OD$。

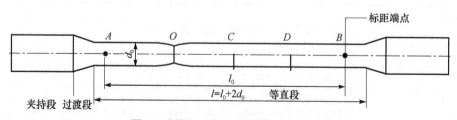

图 1　试件断口偏离一端量取 l_0 示意图

不同加载速率及加载路径下金属的拉伸破坏实验报告

班级：＿＿＿＿＿＿　　　　姓名：＿＿＿＿＿＿　　　　实验日期：＿＿＿＿＿＿

一、实验目的

二、实验设备和仪器及试样形状记录（规格、型号）

试件	标距 l_0/mm	直径 d_0/mm	加载速率 v/(mm/min)
低碳钢 1			
低碳钢 2			
低碳钢 3			
低碳钢 4			
低碳钢 5			

三、实验数据记录处理及误差分析

试件	标距 l_1/mm	断后最小直径 d_1/mm	断口截面面积 A_1/mm^2
低碳钢 1			
低碳钢 2			
低碳钢 3			
低碳钢 4			
低碳钢 5			

拉伸后的实验数据

实验数据	低碳钢 1	低碳钢 2	低碳钢 3	低碳钢 4	低碳钢 5
上屈服力/kN					
下屈服力/kN					
上屈服强度/MPa					
下屈服强度/MPa					
抗拉强度/MPa					
断裂点载荷/kN					
延伸率/%					
最大力总伸长度/%					
断裂伸长率/%					

续表

实验数据	低碳钢 1	低碳钢 2	低碳钢 3	低碳钢 4	低碳钢 5
断面收缩率 ψ/%					
弹性模量 E/GPa					

四、思考题

(1)根据实验记录，分析低碳钢在不同加载速率及加载路径下拉伸破坏的原因。

(2)绘制出在不同加载速率及加载路径下低碳钢的 $F\text{-}t$ 曲线、$\sigma\text{-}t$ 曲线、$F\text{-}\Delta l$ 曲线、$\sigma\text{-}\varepsilon$ 曲线。

成绩评定＿＿＿＿＿＿＿＿＿＿＿ 指导老师＿＿＿＿＿＿＿＿＿＿＿

实验十四　不同加载速率及加载路径下金属的拉扭组合变形实验

一、实验目的

(1)测定不同加载速率及加载路径下低碳钢、铸铁拉扭组合时的屈服极限、抗扭强度 τ_b、最大切应力 τ_{max}、扭转角 φ、切应变；根据实验结果分析不同加载速率和加载路径对低碳钢、铸铁拉扭组合性能的影响。

(2)观察实验中所用试件在拉扭过程中可能出现的规律和现象，并根据实验数据绘制出应力-应变曲线、力-位移曲线。

(3)在不同加载速率及加载路径作用下，比较低碳钢、铸铁拉扭破坏特征、断口形状、主应力及主方向。

二、实验设备及试件

(1)电子式拉扭实验机(WDD-LCJ)。

(2)游标卡尺、直钢尺。

(3)低碳钢、铸铁拉扭试件(图1、图2)。

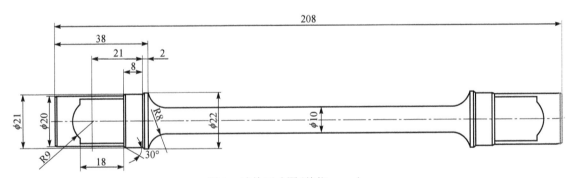

图 1　试件尺寸图(单位：mm)

三、实验方案

设计四种加载速率和两种加载历程，对低碳钢及铸铁试件进行拉扭组合实验。加载方案分别见表1~表4。

表 1　低碳钢拉伸扭转的加载速率方案

试件	拉伸加载速率/(mm/min)	扭转加载速率/(°/min)
碳钢 1	1.5	2
碳钢 2	1.2	1.6
碳钢 3	0.9	1.2
碳钢 4	0.6	0.8

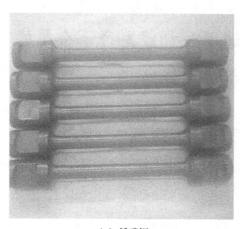

（a）低碳钢　　　　　　　　　　（b）铸铁

图 2　试件实物图

表 2　低碳钢拉伸扭转的加载路径方案

试件	加载路径	加载过程
碳钢 2	路径 1	拉伸扭转共同进行，拉伸速率为 1.5mm/min，扭转速率为 2°/min
碳钢 5	路径 2	拉伸扭转同时进行，拉伸速率为 1.5mm/min，扭转速率为 2°/min，当载荷达到 35kN 时进行卸载，当载荷卸载至 0 后再次进行加载，直至试件断裂
碳钢 6	路径 3	拉伸扭转同时进行，拉伸速率为 1.5mm/min，扭转速率为 2°/min，当载荷达到 40kN 时进行卸载，当载荷卸载至 0 后再次进行加载，直至试件断裂
碳钢 7	路径 4	拉伸扭转同时进行，拉伸速率为 1.5mm/min，扭转速率为 2°/min，当载荷达到 45kN 时进行卸载，当载荷卸载至 0 后再次进行加载，直至试件断裂

表 3　铸铁拉伸扭转的加载速率方案

试件	轴向拉伸速率/(mm/min)	扭转速率/(°/min)
铸铁 1	0.10	0.30
铸铁 2	0.15	0.45
铸铁 3	0.20	0.60
铸铁 4	0.25	0.75

表 4　铸铁拉伸扭转的加载路径方案

试件	加载路径	加载过程
铸铁 3	路径 1	拉伸扭转同时进行，中途不卸载
铸铁 5	路径 2	加载速率与铸铁 3 相同，当载荷到达 2kN 时，停止加载，开始卸载，当载荷和扭转为零之后再以同样的速率进行加载
铸铁 6	路径 3	加载速率与铸铁 3 相同，当载荷到达 4kN 时，停止加载，开始卸载，当载荷和扭转为零之后再以同样的速率进行加载
铸铁 7	路径 4	加载速率与铸铁 3 相同，当载荷到达 6kN 时，停止加载，开始卸载，当载荷和扭转为零之后再以同样的速率进行加载

四、实验原理

拉扭组合理论分析如下。

杆件承受轴向拉力 F 与外力偶矩 M 的共同作用，如图 3 所示，则拉扭作用下构件表面 A 点的单元体应力分布如图 4 所示。

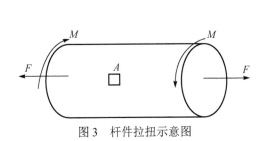

图 3　杆件拉扭示意图

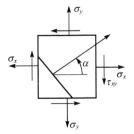

图 4　单元体应力分析图

拉力 F 作用下，横截面上的正应力为

$$\sigma_x = \frac{F_N}{A} = \frac{F}{A} \tag{1}$$

在力偶矩 M 的作用下，扭矩 $T=M$，横截面上 A 点的剪应力为

$$\tau_{xy} = \tau_{max} = \frac{T}{W_t} \tag{2}$$

其中

$$W_t = \frac{\pi D^3}{16} \tag{3}$$

式中，W_t 称为抗扭截面系数；D 为圆形截面的直径。

图 4 中 $\sigma_y = 0$。

主应力计算公式为

$$\sigma_{max} = \frac{\sigma_x + \sigma_y}{2} + \sqrt{\left(\frac{\sigma_x - \sigma_y}{2}\right)^2 + \tau_{xy}^2} \tag{4}$$

$$\sigma_{min} = \frac{\sigma_x + \sigma_y}{2} - \sqrt{\left(\frac{\sigma_x - \sigma_y}{2}\right)^2 + \tau_{xy}^2} \tag{5}$$

主方向的计算公式为

$$\tan(2\alpha_0) = -\frac{2\tau_{xy}}{\sigma_x - \sigma_y} \tag{6}$$

拉扭组合作用下斜截面上的最大切应力为

$$\tau_m = \sqrt{\left(\frac{\sigma_x - \sigma_y}{2}\right)^2 + \tau_{xy}^2} \tag{7}$$

最大切应力所在斜面与横截面的夹角 α_1，满足

$$\tan 2\alpha_1 = \frac{\sigma_x - \sigma_y}{2\tau_{xy}} \tag{8}$$

根据上述公式可以计算得到不同拉扭加载速率下的主应力和主方向。

五、实验步骤

1. 试件准备

在试件的中间量取 100mm，在 100mm 的端点用粉笔做好标记。

2. 试件安装

更换实验所需的扭转夹头，进行夹头复位，将试件放入夹头，确定已经固定好夹头。声速标定时所用的传感器、放大器以及信号线仍然需要连接在试件上，进行下一步实验。

3. 采集数据

进入力尔实验系统后，创建新的拉伸扭转实验，设置试件的横截面积，调整零点后对齐拉伸和扭转零点，设置拉伸和扭转的速率，开始实验。

4. 试件处理

测量试件断裂面的倾角，保存好试件。观察试样的断口形状，观察并测量标距及直径的尺寸变化。

六、实验注意事项

实验过程中，需要观察力尔实验系统显示的实验曲线的变化情况，实验曲线可以根据需要进行切换。完成一次实验，简单地观察数据，确认无误后进行下一个实验，当所有的实验完成后，保存数据，清理实验现场，切断电源。

不同加载速率及加载路径下金属拉扭组合变形实验报告

班级：＿＿＿＿＿＿　　　　姓名：＿＿＿＿＿＿　　　　实验日期：＿＿＿＿＿＿

一、实验目的

二、实验设备和仪器及试样形状记录（规格、型号）

试件	标距 l_0/mm	直径 d_0/mm	加载速率（拉伸、扭转）

三、实验数据记录处理及误差分析

试件断裂后的尺寸：

试件	标距 l_1/ mm	断后最小直径 d_1/mm	断口截面面积 A_1/ mm^2

不同加载速率下的剪切弹性模量 G：

$\dfrac{\Delta T}{\Delta \varphi}$	G/GPa	$\dfrac{\overline{\Delta T}}{\Delta \varphi}$	$\overline{G}_4$/GPa

不同加载速率下的扭转参数：

$v/(°/\text{min})$	$T_s/(\text{N}\cdot\text{m})$	τ_s/MPa	$T_b/(\text{N}\cdot\text{m})$	τ_b/MPa	$\tau_{\max}/\text{MPa}$	γ/rad	$\varphi_{\max}/\text{rad}$

不同加载历程下的参数对比：

加载历程	$T_s/(\text{N}\cdot\text{m})$	τ_s/MPa	$T_b/(\text{N}\cdot\text{m})$	τ_b/MPa	$\tau_{\max}/\text{MPa}$	γ/rad	$\varphi_{\max}/\text{rad}$

低碳钢综合实验数据：

试件	1	2	3	4	5	6	7
断面收缩率/%							
弹性模量 E/GPa							
最大切应力/MPa							

铸铁综合实验数据：

试件	1	2	3	4	5	6	7
断面收缩率/%							
弹性模量 E/GPa							
最大主应力/MPa							
最小主应力/MPa							

四、回答问题

(1)根据实验记录，分析试件在不同加载速率及加载路径下拉扭破坏断面差异的原因。

(2)绘制出在不同加载速率及加载路径下试件的载荷时间曲线、正应力-应变曲线和剪应力-剪应变曲线。

(3)拉扭破坏时，低碳钢和铸铁的破坏应力和破坏面分别如何计算？

成绩评定_____　　　指导老师_____

实验十五　等高式悬臂等强度梁实验

一、实验简介

工程中常见的是等截面梁，而对于非等截面梁，可提出等强度梁的概念，若使梁各横截面上的最大正应力都相等，并均达到材料的许用应力，则称为等强度梁。等强度梁可以节省材料，最大限度地提高材料的利用率；提高结构的承载力，使结构更加安全；还可以节省空间，降低自重，提高结构的使用性。由于各个截面强度相等，各处均可承受较大的载荷，若不考虑其他因素，各个截面断裂的可能性是一样的。在工程上，它具有广泛的应用。本实验将工程实例简化后，提出等强度梁模型。

二、实验目的

(1) 了解用电阻应变片测量应变的原理。
(2) 测定等强度梁上的应变，验证等强度梁各横截面上应变(应力)相等。

三、实验设备及工具

(1) 电子拉扭实验机(WDD-LCJ)。
(2) 等强度梁实验装置一台，如图1所示。
(3) 直尺、游标卡尺等。

图1　等强度梁实验装置

四、实验装置简介

等强度梁尺寸如图2所示。

贴片方案：沿中线均分等距，间隔60mm贴1个应变片，共3个片，均纵向，每片组成单桥1路，共3路。1路处宽87mm、$W_z=7018mm^3$；2路处宽65mm、$W_z=5243mm^3$；3路处宽43.5mm、$W_z=3509mm^3$。

五、实验操作过程

(1)量取等强度梁的实际尺寸并记录。

(2)等强度梁的安装。

①连接等强度梁的数据线，将数据线一端插入梁右侧接口，另一端插入机体右侧面接线盒接口。打开计算机，启动设备，打开力尔实验系统，调节1～3通道平衡。

②将等强度梁装置的固定端固定于实验机工作平台的左下角的悬臂梁固定法兰座上，装好自由端的加载环，上下调节设备动力加载梁，使加载点对正加载环中点，如图2所示。加载点位于梁的中点。

(3)按实验菜单下的顺序做实验（具体操作参见程序中的提示）。

注意选择实验类型为"悬臂等高等强度梁实验"；设置好实验参数；设置停机条件9kN；启动数据采集，调节加载速率。

(4)加载到设定值后自动停机。单击"上行"卸载，调节较大速度，待卸载到加载头离开梁适当距离后，停机，加载完毕。

(5)填写实验报告。

(6)退出数据采集软件系统、关闭计算机、关闭实验机电源。

(7)收起实验装置、清理现场。

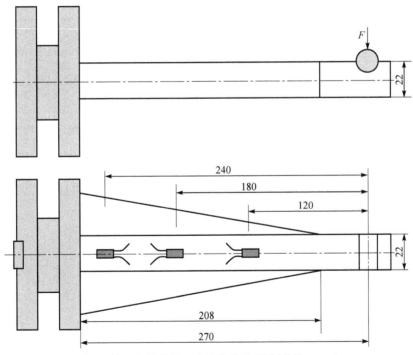

图2　等强度梁装置尺寸及贴片示意图(单位：mm)

六、思考题

各种测量方法中温度补偿的实现方法有哪些？

等高式悬臂等强度梁实验报告

班级：_____　　　　姓名：_____　　　　实验日期：_____

一、实验目的

二、实验测点参数

序号	测点到力作用端的距离 l/mm	所在截面的高度	宽度	所在截面的轴惯性矩
测点 1				
测点 2				
测点 3				

三、实验操作过程

（提示：从量取试件尺寸、试件安装、加载载荷，采集信息、数据记录、正确退出实验等方面考虑）

四、实验数据处理（写出必要的计算步骤）

	测点 1		测点 2		测点 3	
	ε /mm	σ /MPa	ε /mm	σ /MPa	ε /mm	σ /MPa
测量值						
理论值						
误差						

说明：

(1) 理论应变值指等强度梁表面测点理论计算应变值。

(2) 实验应变值指实验测试的应变值。

(3) 测量灵敏度指实验应变值与读数应变值的比值。

(4) 相对误差 $= \dfrac{\text{实验应变值} - \text{理论应变值}}{\text{理论应变值}} \times 100\%$。

参考公式：$\sigma_{max}^{+} = \dfrac{M_{max} y_{max}}{I_z}, \sigma_{max}^{-} = \dfrac{M_{max}(h - y_{max})}{I_z}, \varepsilon = \dfrac{\sigma}{E}, \tau = \dfrac{F_s S_z^*}{I_z b}$。

五、回答问题

各种测量方法中温度补偿的实现方法有哪些？

成绩评定_____　　　指导老师_____

实验十六　简支梁低阶固有频率及主振型的测量

一、实验简介

　　本实验模型是一矩形截面简支梁(图 1)，它是一无限自由度系统。从理论上说，它应有无限个固有频率和主振型，一般情况下，梁的振动是无穷多个主振型的叠加。如果给梁施加一个合适大小的激扰力，且该力的频率正好等于梁的某阶固有频率，就会产生共振，对应于这一阶固有频率确定的振动形态称为这一阶主振型，这时其他各阶振型的影响小得可以忽略不计。用共振法确定梁的各阶固有频率及振型。首先得找到梁的各阶固有频率，并让激扰力频率等于某阶固有频率，使梁产生共振；然后，测定共振状态下梁上各测点的振动幅值，从而确定某一阶主振型。实际工程应用中通常最关心的是最低的几阶固有频率及主振型，本实验用共振法来测量简支梁的一、二、三阶固有频率和振型。

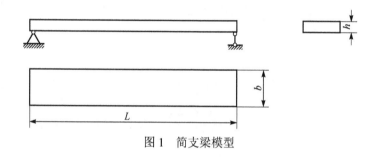

图 1　简支梁模型

二、实验目的

　　(1)用共振法确定简支梁的各阶固有频率和主振型。
　　(2)将实验所测得的各阶固有频率、振型与理论值比较。

三、实验设备及工具

　　如图 2 所示，实验设备包括：QLVC-ZSA1 型虚拟振动测试与分析仪、简支梁、电磁激振

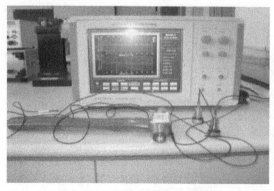

（a）QLVC-ZSA1 振动测试与分析仪

（b）与激振器及传感器相连的简支梁

图 2　实验设备

器、压电式加速度传感器(两个)，装有传感器的力锤一个。辅助工具有钢尺、螺丝刀、记号笔等。QLVC-ZSA1 型振动信号分析仪是重庆大学测试中心近年研发的嵌入式一体化虚拟仪器。该仪器集成了嵌入式系统、LCD 液晶显示器、振动传感器、信号调理器、A、B 双通道数据采集器、信号发生器、功率放大器和虚拟式动态信号分析仪。

四、实验原理

在简谐力激振的情况下，可以根据振动量的幅值共振来判定共振频率。但在阻尼较大的情况下，用不同的幅值共振方法测得的共振频率略有差别，而且用幅值变化来判定共振频率有时不够敏感。相位判别法是根据共振时的特殊相位值以及共振前后的相位变化规律所提出来的一种共振判别法。在简谐力激振的情况下，用相位法来判定共振是一种较为敏感的方法，而且共振时的频率就是系统的无阻尼固有频率，可以排除阻尼因素的影响。相位判别法又分为位移、速度及加速度信号的相位判别法。

用加速度判别共振时，动态信号分析仪上显示振动体的加速度信号。将激振器的信号输入测试仪的 A 通道，压电式加速度传感器拾取的信号输入虚拟测试仪的 B 通道。设激振信号为 F，振动体位移、速度、加速度信号为 y、$\dfrac{\mathrm{d}y}{\mathrm{d}t}$、$\dfrac{\mathrm{d}^2y}{\mathrm{d}t^2}$，则

$$F = F_0 \sin \omega t$$
$$y = B \sin(\omega t - \varphi)$$
$$\frac{\mathrm{d}y}{\mathrm{d}t} = \omega B \cos(\omega t - \varphi) \qquad (1)$$
$$\frac{\mathrm{d}^2y}{\mathrm{d}t^2} = -\omega^2 B \sin(\omega t - \varphi)$$

此时，示波器的 A 轴通道与 B 通道的信号分别为

$$X = F = F_0 \sin \omega t$$
$$Y = \frac{\mathrm{d}^2y}{\mathrm{d}t^2} = -\omega^2 B \sin(\omega t - \varphi) = \omega^2 B \sin(\omega t + \pi - \varphi) \qquad (2)$$

上述信号在示波器的屏幕上显示一椭圆图像。共振时，$\omega = \omega_0, \varphi = \pi/2$，其中，$\omega_0$ 为振动系统的固有频率。可知，X 轴信号与 Y 轴信号的信号相位差为 $\pi/2$。根据李沙育图形原理，屏幕上的图像将是一个正椭圆。当 ω 略大于 ω_0 或略小于 ω_0 时，图像都将由正椭圆变为斜椭圆，其轴所在象限也将发生变化，其变化过程如图 3 所示。因此，图像变为正椭圆时的频率就是振动体的固有频率。

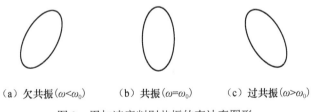

（a）欠共振（$\omega < \omega_0$）　　　（b）共振（$\omega = \omega_0$）　　　（c）过共振（$\omega > \omega_0$）

图 3　用加速度判别共振的李沙育图形

由弹性体振动理论可知，对于如图 1 所示的简支梁，横向振动固有频率理论解为

$$f_0 = 49.15 \frac{1}{L^2} \sqrt{\frac{EI}{A\rho}} \text{(Hz)} \tag{3}$$

式中，L 为简支梁长度，单位为 cm；E 为材料弹性系数，单位为 kg/cm^2；A 为梁横截面积，单位为 cm^2；ρ 为材料密度，单位为 kg/cm^3；I 为梁截面弯曲轴惯性矩，单位为 cm^4。

对于矩形截面，弯曲惯性矩为

$$I = \frac{bh^3}{12} \text{(cm}^4\text{)} \tag{4}$$

式中，b 为梁横截面宽度，单位为 cm；h 为梁横截面高度，单位为 cm。

本实验取

$$L = 60\text{cm}, \quad b = 5\text{cm}, \quad h = 0.8\text{cm}$$
$$E = 2 \times 10^6 \text{kg/cm}^2, \quad \rho = 0.0078 \text{kg/cm}^3$$

各阶固有频率之比为

$$f_1 : f_2 : f_3 : f_4 : \cdots = 1 : 2^2 : 3^2 : 4^2 : \cdots \tag{5}$$

理论计算可得简支梁的一、二、三阶固有频率和振型如图 4 所示。

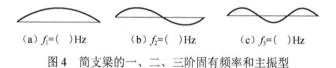

（a）$f_1 =$（　）Hz　　　　（b）$f_2 =$（　）Hz　　　　（c）$f_3 =$（　）Hz

图 4　简支梁的一、二、三阶固有频率和主振型

五、实验步骤

1. 固有频率测试实验步骤

（1）将激振信号源输出端接电动式激振器，用激振器对简支梁激振。

（2）将激振源信号接入虚拟式示波器的 X 轴，将位于简支梁上加速度传感器的输出信号经测振仪接入示波器的 Y 轴。

（3）开启激振信号源的电源开关，对系统施加交变正弦激振力，使系统产生振动，调整信号源的输出调节开关便可改变振幅大小。

（4）激振频率由低到高逐渐增加，观察示波器屏幕上的图像，根据"共振相位判别法"的原理，用加速度判别共振，确定共振频率。

通过实验得到简支梁在简谐激励下一阶、二阶共振时的李沙育图形。通过测振仪面板上的读数可得到当激振电流为 80mA 时，简支梁的一阶、二阶固有频率分别为 48.6Hz、190.7Hz。

已知简支梁的长度 $l = 60\text{cm}$，截面高度 $h = 0.8\text{cm}$，宽度 $b = 5\text{cm}$，$E = 200\text{GPa}$，$\rho = 7800 \text{ kg/m}^3$，由式（1）计算得到简支梁横向振动第一阶、二阶固有频率的理论值分别为

$$f_1 = 51\text{Hz}, \quad f_2 = 4 \times 51\text{Hz} = 204\text{Hz}$$

可知，实验测定值与理论非常接近。稍有误差的原因是：实验测定时必须在简支梁上放置传感器，传感器的质量及传感器的位置对简支梁固有频率的测定是有一定影响的。

2. 低阶主振型的测试

采用共振法来测定一阶、二阶主振型。测试前，需将简支梁划分为多个等份。本实验中将梁分为 16 等段，各分点的编号如图 5 所示。

实验步骤如下：

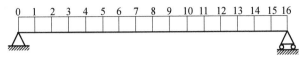

图 5　简支梁分点示意图

(1)安装电动式激振器，激振器针头位于第 3 分点处。

(2)选某测点为参考点，将传感器 Ⅰ 固定置于参考点，专门测量参考点的参考信号。本实验中参考点为第 4 分点，将参考点上的加速度传感器连接到测振仪上的传感器 1 通道。将另外一个加速度传感器(传感器Ⅱ)接入测振仪上的传感器 2 通道，用于测量其余测点的位移响应振幅值。

(3)相位可直接由示波器测定。粗略判断相位时，可用李沙育图形法来判断测点与参考点的信号是否同相。

(4)调整信号源，使激振频率由低到高逐渐增加，当激振频率等于系统的第一阶固有频率时，系统产生共振，测点振幅急剧增大，移动传感器Ⅱ依次将各测点信号记录下来。由振动分析仪的频谱功能模块，得到 A、B 两通道信号的幅值谱图。绘制主振型曲线时，可将参考点的位移振幅值设为 1，计算其他各测点相对参考点的位移振幅比值，根据各测点的振幅比值便可绘出第一阶振型图，信号源显示的频率就是系统的第一阶固有频率。同理，可得到其他各阶固有频率及主振型。

简支梁低阶固有频率及主振型的测量

班级：_____　　　　姓名：_____　　　　实验日期：_____

一、实验目的

二、实验设备及试件

三、实验记录

(1)各阶固有频率的理论计算值与实测值。

固有频率	f_1	f_2	f_3
理论值			
实测值			

(2)各测点的振幅实测值。

幅值/μm　　　测点　振型	1	2	3	4	5	6	7	8
一阶振型								
二阶振型								
三阶振型								

幅值/μm　　　测点　振型	9	10	11	12	13	14	15	16
一阶振型								
二阶振型								
三阶振型								

注：第1,16点为简支梁的支点处。

(3)绘出简支梁各阶振型图。

四、实验分析与体会

五、思考题

　　将理论计算出的各阶固有频率、理论振型与实测固有频率、实测振型相比较,是否一致?产生误差的原因在哪里?

　　成绩评定＿＿＿＿＿＿＿＿＿＿＿　　指导老师＿＿＿＿＿＿＿＿＿＿＿

实验十七　徐州和平大桥斜拉索的振动基频测试

一、实验简介

和平大桥斜拉索振动基频测试是基于弦的横向振动理论，利用 TST5927 无线索力测试分析系统采集拉索在风振作用下的时域信号，利用频谱分析得到拉索的振动基频，进而得到斜拉索基频的变化规律。

二、实验目的

(1) 测定各斜拉索振动基频。
(2) 比较不同斜拉索基频变化规律。
(3) 培养学生的实践动手能力。

三、实验原理

基于弦的横向振动理论，如图 1 所示，一根理想柔软的斜拉索，将其两端固定，用张力 T_0 拉紧，斜拉索在分布力作用下做横向振动。建立如图所示的 xOy 坐标系，设斜拉索单位长度的质量为 ρ，长度为 l，单位长度上的分布力为 $q(x,t)$，距坐标原点 x 处的斜拉索截面在 t 时刻的横向位移为 $y(x,t)$。

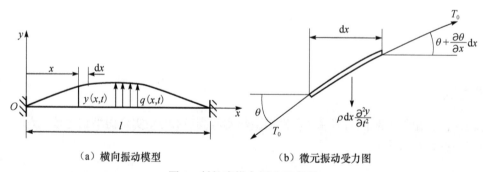

（a）横向振动模型　　　　　（b）微元振动受力图

图 1　斜拉索横向振动示意图

取拉索上的微段 dx 进行受力分析，考虑到振动是微小的，在振动过程中，拉索内的张力 T_0 可以近似认为不发生变化，微段上的惯性力为 $\rho dx\dfrac{\partial^2 y}{\partial t^2}$，根据达朗贝尔原理得到

$$T_0\left(\theta+\frac{\partial\theta}{\partial x}dx\right)-T_0\theta+q(x,t)dx-\rho dx\frac{\partial^2 y}{\partial t^2}=0 \tag{1}$$

令 $a^2=\dfrac{T_0}{\rho}$，a 为弹性波沿拉索长度方向的传播速度，并将 $\theta=\dfrac{dy}{dx}$ 代入式（1），化简得到拉索做横向强迫振动的微分方程，即

$$\frac{\partial^2 y}{\partial t^2}=a^2\frac{\partial^2 y}{\partial x^2}+\frac{1}{\rho}q(x,t),\ \ 0<x<l \tag{2}$$

边界条件为

$$y(0,t) = y(l,t) = 0 \tag{3}$$

如果不考虑作用在拉索上的分布力，即 $q(x,t)=0$，则拉索横向自由振动微分方程为

$$\frac{\partial^2 y}{\partial t^2} = a^2 \frac{\partial^2 y}{\partial x^2}, \quad 0 < x < l \tag{4}$$

对于式(3)描述的斜拉索横向自由振动微分方程，考虑系统具有与时间无关的振型，即用分离变量的方法求解，将斜拉索振动函数分解为空间函数 $Y(x)$ 与时间函数 $T(x)$ 的乘积，设方程的解为

$$y(x,t) = Y(x)T(x) \tag{5}$$

式中，$Y(x)$ 为表示振型的函数，它表示整个拉索的振动形态；$T(x)$ 是时间函数，表征拉索上点的振动规律。将式(5)代入式(4)可得

$$Y(x)\frac{\partial^2 T(t)}{\partial t^2} = a^2 T(t)\frac{\partial^2 Y(x)}{\partial x^2} \tag{6}$$

分离变量得到

$$a^2 \frac{1}{Y(x)}\frac{\partial^2 Y(x)}{\partial x^2} = \frac{1}{T(t)}\frac{\partial^2 T(t)}{\partial t^2} \tag{7}$$

式中，等号左边与 t 无关，等号右边与 x 无关，则等式的两边必须等于同一个常数，设该常数为 $-\omega^2$，则得到两个二阶常微分方程

$$\frac{\mathrm{d}^2 T}{\mathrm{d}t^2} + \omega^2 T = 0 \tag{8}$$

$$\frac{\mathrm{d}^2 Y}{\mathrm{d}x^2} + \frac{\omega^2}{a^2}Y = 0 \tag{9}$$

式(8)和式(9)的解分别为

$$T(t) = A_1 \sin(\omega t) + A_2 \cos(\omega t) = A\sin(\omega t + \varphi) \tag{10}$$

$$Y(x) = B_1 \sin\left(\frac{\omega}{a}x\right) + B_2 \cos\left(\frac{\omega}{a}x\right) \tag{11}$$

式中，A_1、A_2(或 A、φ)由初始条件确定；根据边界条件有 $y(0,t)=0$，即 $Y(0)=0$；$y(l,t)=0$，即 $Y(l)=0$。代入式(11)，可得

$$Y(0) = 0, B_2 = 0, \quad Y(x) = B_1 \sin\left(\frac{\omega}{a}x\right) \tag{12}$$

$$Y(l) = 0, B_1 \sin\left(\frac{\omega}{a}l\right) = 0 \tag{13}$$

根据拉索振动的物理意义，$B_1=0$ 显然不是方程的解，所以有

$$\sin\left(\frac{\omega}{a}l\right) = 0 \tag{14}$$

即 $\frac{\omega}{a}l = i\pi(i=1,2,\cdots)$。

式为拉索振动的特征方程，也称为频率方程，从频率方程中可以求解出斜拉索振动的各阶固有频率 ω_i 为

$$\omega_i = \frac{i\pi a}{l} = \frac{i\pi}{l}\sqrt{\frac{T_0}{\rho}}, \quad i = 1, 2, \cdots \tag{15}$$

当 $i=1$ 时，得斜拉索一阶固有振动频率 ω_1 为

$$\omega_1 = 2\pi f = \frac{\pi}{l}\sqrt{\frac{T_0}{\rho}} \tag{16}$$

四、实验设备及工具

实验设备为 TST5927 无线遥测索力分析系统，如图 2 所示。该系统包括 TST5927 无线索力采集模块、无线路由器、接收及发射天线、网线、笔记本电脑及测试分析软件、固定采集器用的绑带、移动电源、锂电池充电器等。

图 2　TST5927 无线遥测索力分析系统

1. 硬件介绍

TST5927 无线遥测索力采集模块面板图如图 3 所示。A 为电源开关，按动按钮时，按键时间低于 3s 的情况下，绿灯表示电量剩余情况；按键时间大于 3s 的情况下，亮着的红灯表示此时仪器已经开始工作。B 表示充电插座。C 表示电源指示灯，从左到右绿灯对应的电池容量分别为 1/4、1/2、3/4 以及满电。D 为无线发射天线。

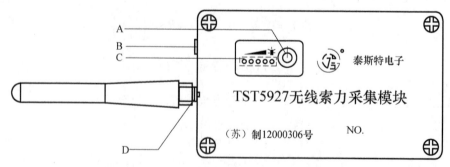

A-电源开关；B-充电插座；C-电源指示灯；D-无线发射天线

图 3　TST5927 面板图

硬件连接过程如下：

(1)将磁力较强的吸盘短路装置去掉，然后将其安装在索力采集模块上，再将采集模块用绑带固定在被测斜拉索或其他被测件上(图 4)，注意要将采集模块正确放置，使其和斜拉索振动方向成 90°。

(2)在进行实验的过程中，若需要使用无线设备，则可以先将无线设备通电，其前面面板的绿色电源指示灯亮表示工作。若测试现场没有电源，则需要另外配置如移动电源等可以提供电能的装置，实验前将其充满电，实验时带至测试现场使用。

图 4　索力采集器的安装

2. 软件设置

仪器的连接方式可以采用两种，一般情况下系统默认的都是采用无线 AP 连接。

1)软件功能

TST5927 无线遥测索力测试分析软件是一款由 VC++平台开发的动态信号处理软件，包含实时采集、显示和分析等模块。实验人员只需简单地将参数值输入，软件就可以自动完成所有计算，该软件还拥有强大的分析能力、处理能力。该软件要求的硬件系统为内部存储不少于 128MB，剩下的硬盘空间 1GB 以上，Pentium III 600M 以上 CPU，Windows XP 以及以上操作系统。

2)软件界面

TST5927 无线遥测索力测试分析软件软件界面如图 5 所示。

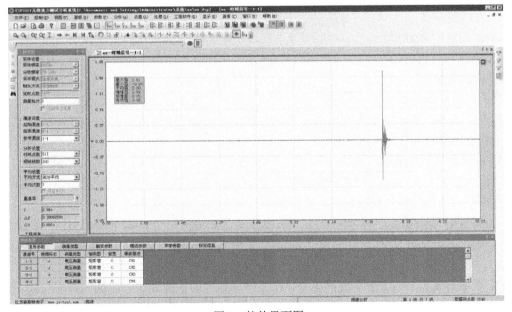

图 5　软件界面图

3) 软件工程参数

用户可以设置采取样本时的频率, 即采样频率、分析频率, 还可设置采样方式和触发方式等参数。

(1) 采样频率: 采样频率就是单位时间内抽取样本的速度, 采样频率范围在 20～200Hz, 可以切换, 最高采样频率 200Hz。

(2) 分析频率: 采样频率是分析频率 2.56 倍, 设置采样频率时, 分析频率的显示也将随着采样频率的变化相应变化。

(3) 采样方式: 采样方式可以分为三种方式, 分别为连续采样、触发式采样和示波采样。记录随时间不断变化的信号, 实验需要没有间断地将信号记录下来时, 宜采用连续采样; 当实验过程中需要记录稳态信号, 采集比较少的数据量时, 一般采用触发采样, 在瞬态记录采样方式下, 可以设置数据块数、触发方式和延迟点数; 示波采样是指现场实验过程中采集到的数据不进行存储, 而是仅仅显示出来, 示波采样主要用于测量系统的调试。

(4) 触发方式: 该软件的触发方式有三种, 包括外部触发、信号触发和自由触发。和信号触发不同, 外部触发是指只要测试人员发出采样命令, 无论这时外部信号如何, 即使电压达不到触发水平, 也开始进行采样。

(5) 测量批次: 记录当前工程批次号信息。

(6) 起始通道: 采样的起始通道。

(7) 结束通道: 采样的结束通道。

4) 统计信息

本系统中统计信息包括最大值、最小值、平均值、有效值、峰峰值、标准差、波形因子、波峰因子、脉冲因子、裕度因子、歪度、峭度。最大值就是指在所分析的数据域中, 幅值为最大的值, 最小值就是指在所分析的数据域中, 幅值为最小的值。

五、实验步骤

1. 实验前准备

(1) 测量斜拉索索长。

(2) 测量斜拉索直径。

2. 仪器安装

将所有传感器用绷带正确安装在徐州和平大桥斜拉索上, 并正确地连接到仪器。计算机上正确连接仪器。认真检查所有接口是否接触良好, 检查所有装置是否安全、可靠, 然后接通仪器的电源并打开仪器。

3. 准备数据采集系统

(1) 启动软件。通过单击 "开始|程序", 找到 "TST5927 无线遥测索力测试软件" 菜单项, 鼠标左击即启动该软件, 或双击该软件在桌面上快捷方式打开软件。

(2) 设置各项参数。工程单位为 g, 采样频率为 200Hz, 分析频率 78.13Hz, 采样模式为连续采集, 触发方式为自由触发, 测量类型为电压测量, 窗类型为矩形窗, 设置采样时间。

(3) 平衡与清零。为了减小数据误差, 在采样开始之前一般要进行平衡与清零处理。通过单击控制工具栏上的平衡按钮对通道进行平衡处理, 平衡处理后通道可能还存在一个很小的零点, 可以通过工具栏上清零操作按钮来扣除该零点。

4. 采样

开始采样时，只需要单击工具栏上的启动采样按钮即可。需要暂停采样时，单击工具栏上暂停采样按钮即可实现暂停。

5. 结束采样

徐州和平大桥索力测试采样时间为 10min，通过秒表计时，10min 时单击"停止采样"按钮，结束采样。

6. 保存文件

当采样结束后，单击保存按钮，完成保存工作。

六、实验数据处理

用 TST5927 无线遥测索力测试分析软件处理实验数据，得到振动信号的时域图与频谱图。

七、实验注意事项

(1) 在贴有对外部频率信号敏感的场所按规定关闭本仪器。因为电磁干扰或者电磁兼容容易引起很多问题。

(2) 工作时应远离计算机、手机、手表、磁盘等易受磁场干扰的电子设备，如有必要可将短路装在强磁吸盘上，仪器配套的磁力底座，可以产生较强的磁场，否则会造成电子设备的损坏。

(3) 不要在强电场的环境下使用本仪器。

(4) 需要尽量避免靠近变压器、电力线等干扰源。

(5) 在使用本仪器时，要避免使用其他同频率的无线装置。

(6) 在安装和放置时应该轻拿轻放。

八、思考题

(1) 和平大桥斜拉索数量很多，如何选择有代表性的斜拉索进行测量，选择依据是什么？

(2) 根据上述实验数据，试得出不同斜拉索振动基频变化规律。

(3) 试计算出各根斜拉索的索力。

徐州和平大桥斜拉索的振动基频测试实验报告

班级：＿＿＿＿＿＿＿　　　姓名：＿＿＿＿＿＿＿　　　实验日期：＿＿＿＿＿＿＿

一、实验目的

二、实验设备及工具

三、实验记录

1. 记录所选择的各根斜拉索长度及直径

索号	长度/m	直径/m

2. 数据处理得到各根斜拉索振动信号的时域图与频谱图

3. 各根斜拉索振动基频

编号	主机号	索号	频率/Hz	参数设置
TST5927 无线索力采集模块				采样频率 200Hz，分析频 78.13Hz，工程单位 g

四、实验分析与体会

五、思考题

(1) 根据上述实验数据，不同斜拉索振动基频变化有什么规律?

(2) 如何计算出各根斜拉索的索力?

成绩评定_____　　指导老师_____

实验十八　压力水塔纵向及横向振动的固有频率测试

一、实验目的

(1)建立压力水塔纵向及横向振动的力学模型。

(2)熟练使用 TST5926E 大型结构动态特性测试分析，并利用软件绘制 Z 向(纵向)及 X 向(横向)振动加速度信号的时域及实时谱频域图。

(3)分析影响压力水塔固有频率的因素，并明白固有频率对结构的意义。

二、实验仪器设备

(1)TST5926E 大型结构动态特性测试分析系统，该系统主要由多个 TST5926E 采集器、无线路由器、计算机、天线、同步线等组成，如图 1 所示。

图 1　TST5926E 大型结构动态特性测试分析系统

图 2　实验用水塔

(2)卷尺、橡皮泥。

(3)徐州市云龙区江苏师范大学云龙东院住宅小区内一废弃倒锥壳压力水塔，如图 2 所示。

三、实验原理及试样准备

1. 实验原理

1)塔的横向振动基频理论

塔身可以看成一个在自由端具有附加质量的悬臂梁。悬臂梁自由端受一个集中载荷时，其变形如图 3 所示。

根据材料力学弯曲变形理论可得，抗弯刚度为 EI 的悬臂梁在自由端受集中力 P 作用下的最大挠度为

$$y_{max} = \frac{Pl^3}{3EI}$$

梁上任一截面处的挠度为

$$y(x) = \frac{Px^2}{6EI}(3l - x) = \frac{y_{\max}x^2}{2l^3}(3l - x) = \frac{y_{\max}}{2l^3}(3x^2l - x^3) \tag{1}$$

梁本身的最大动能为

$$T_{\max} = \frac{1}{2}\int_0^l \frac{m}{l}[\dot{y}(x)]^2 \,\mathrm{d}x \tag{2}$$

式中，m 是梁的总质量。由式(1)可得各点的速度为

$$\dot{y}(x) = \frac{\dot{y}_{\max}}{2l^3}(3x^2l - x^3) \tag{3}$$

代入式(2)可得

$$
\begin{aligned}
T_{\max} &= \frac{m}{l}\left(\frac{\dot{y}_{\max}}{2l^3}\right)^2 \int_0^l (3x^2l - x^3)^2 \,\mathrm{d}x = \frac{1}{2}\frac{m}{l}\frac{\dot{y}_{\max}^2}{4l^6}\left(\frac{33}{35}l^7\right) \\
&= \frac{1}{2}\left(\frac{33}{140}m\right)\dot{y}_{\max}^2
\end{aligned}
\tag{4}
$$

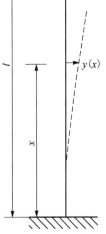

图 3 水塔的振动简化模型

用 m_{eq} 表示塔身的质量等效到悬臂梁自由端时的大小，它的最大动能可表示为

$$T_{\max} = \frac{1}{2}m_{\mathrm{eq}}\dot{y}_{\max}^2 \tag{5}$$

令式(4)和式(5)相等，可得

$$m_{\mathrm{eq}} = \frac{33}{140}m \tag{6}$$

因此考虑塔身质量的影响时，作用于悬臂梁端部的全部质量为

$$M_{\mathrm{Eff}} = M + m_{\mathrm{eq}} \tag{7}$$

式中，M 是水箱的质量。

由于横向载荷 P 引起梁自由端的变形 δ 为 $Pl^3/(3EI)$，则梁的弯曲刚度 k 为

$$k = \frac{P}{\delta} = \frac{3EI}{l^3}$$

可得水塔横向振动的固有频率为

$$\omega_{\mathrm{n}} = \sqrt{\frac{k}{M_{\mathrm{Eff}}}} = \sqrt{\frac{3EI}{l^3\left(M + \frac{33}{140}m\right)}} \tag{8}$$

根据式(8)可知，水箱及塔身质量越大，水塔横向振动基频越小。当水箱装满水可忽略塔身质量时，式(8)可简化为

$$\omega_{\mathrm{n}} = \sqrt{\frac{3EI}{Ml^3}} \tag{9}$$

2)水塔纵向振动基频

水塔塔身在上端水箱箱体及自身重力的作用下，产生纵向弹性变形，根据弹性杆件一端

固定一端自由时纵向振动固有频率的计算公式，可得水塔纵向振动的一阶固有频率为

$$\omega = \frac{\pi}{2l}\sqrt{\frac{E}{\rho}} \tag{10}$$

2. 实验准备

通过卷尺测量压力水塔内部与水箱连接处的圆形平台直径，为 3.9m，水塔塔高为 25m，在此平台上搭建测试设备，在圆形平台上均匀设置四个测点，在每个测点上放置一个 TST5926E 双通道采集器，即每两个采集器之间的夹角为 90°。在 TST5926E 采集器底部放置橡皮泥，并调节采集器位置确保采集器上的水平仪处于水平状态。

四、实验步骤

(1)将水塔内部的圆形平台等分成四个点，用来放置 TST5926E 双通道采集器的测点。每个测点放置 2 个采集器，保证两个采集器之间的夹角为 90°，以确保测得 X 向(横向)和 Z 向(纵向)数据的准确性。此外，观察采集器上的水平仪，用橡皮泥作为辅助物使采集器保持水平状态。调整完后，所搭建的实验测试系统如图 4 所示。

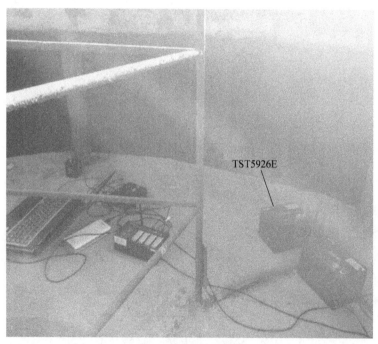

图 4　实验测试系统

(2)按照 TST5926E 模态测试系统使用说明，将接收天线与同步线接入采集器的插孔。用事先准备好的移动电源给无线路由器供电，并将发射天线以及网线接入无线路由器，网线的另一端接入电脑，最后检查各个部件连接情况以及信号接收情况。

(3)当测试仪器连接正常，在 TST5926E 无线模态测试分析软件界面中的通道参数模块中设置参数，设置的参数见表 1。

表 1　通道参数

测量类型	电压类型
窗类型	矩形窗
窗宽	1
通道描述	X、Z
工程单位	m/s^2
量程范围	由传感器类型决定
传感器类型	加速度
坐标系	直角坐标系

之后均衡所设置的通道(主要为应变应力测量的通道)，有时即使已经进行平衡，通道内也可能会残留一个小零点，这时可继续进行清零操作来消除它。如果在采样之前没有进行平衡操作，可以通过清零操作使通道初始值为 0。在大型结构动态特性测试分析软件界面中单击工具栏中的控制→清零(F7)，之后系统弹出对话框"是否确认进行此操作"，单击"是"，清零工作完成。如在采样前不进行此步操作，则误差较大。

输入采样频率 200Hz，采样时间 200s，用鼠标左键单击软件界面工具栏中控制→启动采样(F2)开始采样。采样过程中，单击工具栏中的窗口或单击工具栏中的面板→图像属性选择合适的选项。

(4)采样结束后，分析信号的频域特征。

压力水塔纵向及横向振动的固有频率测试实验报告

班级：＿＿＿＿＿＿　　　　姓名：＿＿＿＿＿＿　　　　实验日期：＿＿＿＿＿＿

一、实验目的

二、实验设备及被测对象具体参数

三、实验数据处理及分析

在 TST5926E 大型结构动态特性测试分析软件中选择合适的信号类型，分析并整理绘图区域内信号的曲线图。

四个测点测得的基频及相应的谱值见表，其中基频及实时谱值的单位分别为 Hz、m/s^2。

通道	测点 1		测点 2		测点 3		测点 4	
	基频	谱值	基频	谱值	基频	谱值	基频	谱值
Z								
X								

结论：

四、思考题

(1) 根据实验记录，分析在相同通道内各个测点误差产生的原因。

(2) 请说明固有频率对压力水塔的意义，并根据理论分析影响压力水塔固有频率的因素。

成绩评定＿＿＿＿＿＿＿＿＿＿＿＿　　指导老师＿＿＿＿＿＿＿＿＿＿＿＿

实验十九　煤岩体单轴压缩破坏过程的声发射实验

视频 17.17-声发
射声速标定实验

一、实验简介

　　煤岩体单轴压缩声发射实验是指在单轴压缩条件下结合声发射检测技术测得煤岩体标准试件的强度、变形、破坏特征以及声发射特征信号。通过该实验掌握煤岩体单轴压缩实验方法，学会煤岩体单轴抗压强度、弹性模量、压缩率的计算方法；了解煤岩体单轴压缩过程的变形特征和破坏类型。

二、实验目的

　　(1)进行力尔 LCJ 材料力学实验机的操作练习，学习操作规程。

　　(2)学会声发射仪器的安装，学习软件操作规程，正确采集有效信息。

　　(3)测定煤岩体的峰值载荷、抗压强度、弹性模量和压缩率。观察压缩过程中煤岩体的变形特征，并绘制试件的压缩图以及破坏面图。

　　(4)整理分析煤岩体的声发射特征信号数据，分别对振铃计数、能量及撞击数这 3 个特征参数结合力学参数进行分析，并绘制煤岩体应力振铃计数、应力能量和应力撞击数时间历程曲线。

　　(5)观察并总结煤岩体标准试件在实验开始前和实验结束后的变形特征。

三、实验设备及工具

　　单轴压缩声发射系统示意图如图 1 所示。实验设备及工具包括力尔 LCJ 材料力学实验机、软岛声发射设备、游标卡尺、耦合剂、502 强力胶、自动铅笔与煤岩体标准试件(图 2)。

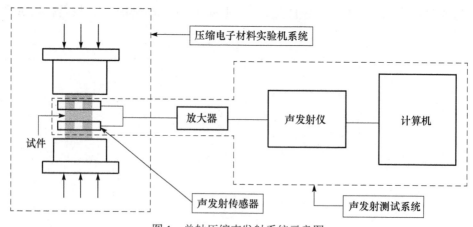

图 1　单轴压缩声发射系统示意图

四、实验原理

　　单轴压缩加载条件下岩石达到破坏前所能承受的最大轴向压应力称为岩石的单轴抗压强

（a）煤样 （b）砂岩

图 2 部分煤样和砂岩试件

度，又可称为非限制性抗压强度。一般习惯于将单轴抗压强度标记为σ_c，其值等于达到破坏时的最大轴向压力(标记为P)除以试件的横截面积(标记为A)，即

$$\sigma_c = \frac{P}{A}$$

岩石强度不是岩石的固有性质，而是一种指标值。通过试件确定的各种岩石强度指标却要受几种因素影响，根据现有研究可以确定这几个因素为试件尺寸、试件形状、试件三维尺寸比例、加载速率和湿度。

岩石试件在单轴压缩荷载条件下产生变形的全过程可由图 3 所示的岩石损伤变形的全应力-应变曲线表示。观察曲线可将岩石的变形分为四个阶段：①孔隙裂隙压密阶段(OA 段)；②弹性变形至微弹性裂隙稳定发展阶段(AC 段)；③稳定破裂发展阶段(CD 段)；④破裂后阶段(D 点以后)。

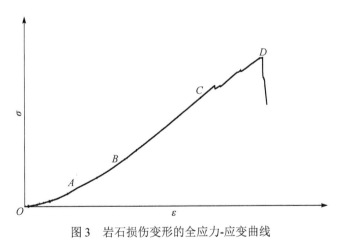

图 3 岩石损伤变形的全应力-应变曲线

结合曲线并按下式计算煤岩体平均弹性模量：

$$E_{av} = \frac{\sigma_b - \sigma_a}{\varepsilon_{1b} - \varepsilon_{1a}}$$

式中，E_{av} 为岩土平均弹性模量；σ_a 为应力与纵向应变关系曲线上直线段始点的应力值；σ_b 为应力与纵向应变关系曲线上直线段终点的应力值；ε_{1a} 为应力为 σ_a 时的纵向应变值。

在煤岩体单轴压缩实验中，当试件被压裂后，由于保留了原本的塑性变形，试件高度由原来的 L 变为 L_1，压缩率 ϕ 等于压缩变形量与原始长度 L 的比值。

声发射检测技术原理可以简单归纳为：从声发射源对外发出的弹性波信号经材料介质传播后，到达换能器并通过换能器接收，转化成对应的电信号，对这些电信号进行分析后对声发射源做出正确的评估。

五、实验步骤

(1)力尔 LCJ 材料力学实验机操作练习。

力尔 LCJ 材料力学实验机及声发射仪器及软件的操作步骤见第 3 篇第 9 章和第 12 章材料力学实验设备简介。

(2)设计 4 种以上不同的加载速率。

(3)煤岩体单轴压缩声发射实验步骤如下：

① 布置传感器探头。选取标准规格为 ϕ50mm×100mm（直径×高）的圆柱体煤样，首先将耦合剂均匀涂抹在传感器接触面转换器内，并将传感器放入转换器内，压实保证接触面无空隙。再用强力胶将转换器均匀粘牢在煤样表面，位置为距离煤样下端 20mm 和上端 20mm 处。然后每隔 90°方向粘牢一个声发射探头，从而实现试样声发射检测信号的三维定位，并依次用外部参数转接线连接传感器及其对应的放大器通道。

② 安放试件：将煤样试件放置于实验机承压板中心，使得煤样两端面接触平稳。

③ 测定环境噪声。设置圆柱体模型，触发方式为外部触发，在开始实验之前，测量设备启动后的环境噪声，并根据噪声情况设置声发射滤波器的门槛值，以避免设备及环境噪声的影响。

④ 对材料实验机显示的力清零，并启动材料实验机直至将要接触试件表面时，按声发射仪器的外部触发按钮开始声发射仪信号采集，实现实验机和声发射仪两个系统的同步，其后续加载按照预定加载速率加载试件，保持整个压缩过程连续直到试件压缩破坏。

⑤ 实验结束关闭材料实验机和声发射仪，提取相应数据进行分析比较。

六、实验数据处理与分析

(1)从实验计算机导出煤岩体单轴压缩声发射实验过程中压缩加载变形破坏过程中的力学参数数据，如时间、载荷、位移、应力、应变、压缩率等。

(2)从实验计算机导出煤岩体单轴压缩声发射实验过程中变形破坏过程中的特征信号数据，如幅值、振铃计数、撞击次数、能量、撞击速率等。

(3)基于压缩实验力学数据并运用 Excel 软件绘出煤岩体试件的应力-应变曲线，比较不同加载速率条件下其应力-应变曲线的变化异同。

(4)基于压缩实验力学数据和声发射数据并运用 Excel 软件绘出应力振铃计数、应力能量、应力撞击数时间历程曲线，结合曲线分析煤岩体试件不同破坏阶段对应的声发射信号特征的变化趋势，并对比不同加载速率下各试件破坏过程中的声发射活动特性，总结其声发射信号变化的异同。

(5)比较在不同加载速率下煤岩体实验开始前和实验结束后外观形态的变化，并总结其异同。

煤岩体单轴压缩破坏过程的声发射实验报告

班级：_____ 姓名：_____ 实验日期：_____

一、实验目的

二、实验设备及试件

三、实验记录

煤岩体编号	高度/mm	直径/mm	粗糙度/mm

四、试件断口形状图

五、实验结果分析

1. 煤岩体应力应变曲线

分别记煤岩体的峰值载荷、抗压强度、弹性模量和压缩率记为 F、σ_b、E 和 ψ，并填入下表中。

煤岩体编号	$v/(10^{-3}\text{mm/min})$	F/kN	σ_b/MPa	E/GPa	$\psi/\%$

2. 煤岩体应力与声发射振铃计数事件历程曲线

3. 煤岩体应力与声发射能量时间历程曲线

根据上述时间历程曲线将不同加载速率下的声发射数据填入下表中。

比较类型		$v/(10^{-3}\text{mm/min})$		
参数平均值	平均振铃计数			
	平均能量值			
	平均撞击数			
参数最大值	最大振铃计数			
	最大能量值			
	最大撞击数			

六、思考题

(1)在实验过程中煤岩体试件的应力与声发射振铃计数时间历程曲线的变化规律有何异同？

(2)在实验过程中煤岩体试件的应力与声发射能量时间历程曲线的变化规律有何异同？

(3)不同加载速率下煤岩体的抗压强度、压缩率和发射特征参数有何变化规律？

成绩评定_____　　　　指导老师_____

第5篇 ANSYS数值模拟及其与实验结果的对比

本篇首先简单介绍 ANSYS 软件，然后详细给出六个实验的数值模拟过程，并将模拟结果与实验及理论值进行比较。

第18章 ANSYS 软件简介

ANSYS 软件是融结构、流体、电场、磁场、声场分析于一体的大型通用有限元分析软件。由世界上最大的有限元分析软件公司之一的美国 ANSYS 开发。 它能与多数 CAD 软件接口，实现数据的共享和交换，如 Pro/Engineer(Pro/E)、NASTRAN、Alogor、I-DEAS、AutoCAD 等，是现代产品设计中的高级 CAE 工具之一。

ANSYS 软件主要包括三个部分：前处理模块、分析计算模块和后处理模块。

(1)前处理模块提供了一个强大的实体建模及网格划分工具，用户可以方便地构造有限元模型。

(2)分析计算模块包括结构分析(可进行线性分析、非线性分析和高度非线性分析)、流体动力学分析、电磁场分析、声场分析、压电分析以及多物理场的耦合分析，可模拟多种物理介质的相互作用，具有灵敏度分析及优化分析能力。

(3)后处理模块可将计算结果以彩色等值线显示、梯度显示、矢量显示、粒子流迹显示、立体切片显示、透明及半透明显示(可看到结构内部)等图形方式显示出来，也可将计算结果以图表、曲线形式显示或输出。

18.1 ANSYS 软件提供的分析类型

1. 结构静力分析

用来求解外载荷引起的位移、应力和力。静力分析很适合求解惯性和阻尼对结构影响不显著的问题。ANSYS 程序中的静力分析不仅可以进行线性分析，而且可以进行非线性分析，如塑性、蠕变、膨胀、大变形、大应变及接触问题的分析。

2. 结构动力分析

结构动力分析用来求解随时间变化的载荷对结构或部件的影响。与静力分析不同，动力分析要考虑随时间变化的力载荷以及它对阻尼和惯性的影响。ANSYS 软件可进行结构动态分析的类型包括瞬时动力分析、模态分析、谐波响应分析及随机振动响应分析。ANSYS 软件的后处理过程包括两个部分：通用后处理模块 POST1 和时间历程响应后处理模块 POST26。通过用户界面，可以很容易获得求解过程的计算结果并对其进行显示。这些结果可能包括位移、温度、应力、应变、速度及热流等，输出形式可以有图形显示和数据列表两种。获得分析对象的内在特性，为系统的优化设计和分析对象的静、动态特性的改进指明方向。

3. 结构非线性分析

结构非线性问题包括分析材料非线性、几何非线性和单元非线性三种。ANSYS 软件可以求解静态和瞬态的非线性问题。

4. 结构屈曲分析

屈曲分析用来确定结构失稳的载荷大小与在特定的载荷下结构是否失稳的问题。ANSYS 软件中的稳定性分析主要分为线性分析和非线性分析两种。

5. 热力学分析

ANSYS 软件可处理热传递的三种基本类型：传导、对流和辐射。热传递的三种基本类型均可进行稳态和瞬态、线性和非线性分析。热分析还可以进行模拟材料的固化和熔化过程的分析，以及模拟热与结构应力之间的耦合问题的分析。

6. 电磁场分析

主要用于电磁场问题的分析，如电感、电容、磁能量密度、涡流、电场分布、磁力线分布、力、运动效应、电路和能量损失等。

7. 声场分析

声场分析主要用来研究主流体(气体、液体等)介质中声音的传播问题，以及在流体介质中固态结构的动态响应特性。

8. 压电分析

压电分析主要可进行静态分析、模态分析、瞬态分析和谐波响应分析等，可用来研究压电材料结构随时间变化的电流和机械载荷响应特性。主要适用于谐振器、振荡器以及其他电子材料的结构动态分析。

9. 流体动态分析

ANSYS 软件中的流体单元能进行流体动态分析，分析类型可以为瞬态或稳态。分析结果可以是每个节点的压力和通过每个单元的流率。并且可以利用后处理功能产生压力、流率和温度分析的图形显示。

ANSYS 软件拥有丰富的单元库、材料库、材料模型库和求解器，保证它不仅具有上述分析能力，而且在多场耦合问题上也有独到的优势。但由于它自身建模水平的限制，通常需要在其他专业三维建模软件如 Pro/E 等进行建模，转换成 ANSYS 可以识别的格式并进行导入，如 Pro/E 的 iges 格式。

18.2　ANSYS 单位制及基本分析步骤

ANSYS 软件的界面如图 18.1 所示。

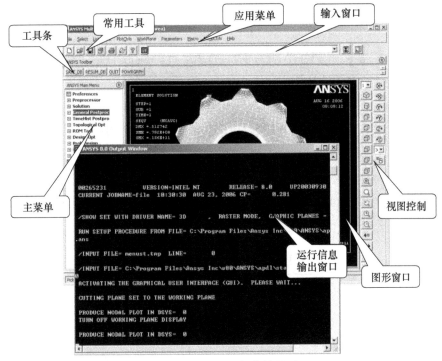

图 18.1　ANSYS 软件的界面

1. ANSYS 的单位制

ANSYS 软件没有为分析指定系统单位，在分析中可以使用任何一套自封闭(单位量纲之间可以互相推导得出)的单位制；所有的单位基本由长度、力和时间的量纲推导得出。

(1)面积＝长度^2，体积＝长度^3，惯性矩＝长度^4。

(2)应力＝力/长度^2，弹性模量＝力/长度^2。

(3)集中力＝力，线分布力＝力/长度，面分布力＝力/长度^2。

(4)重量＝力，质量＝重量/重力加速度＝力/(长度/秒^2)。

(5)容重＝力/长度^3，密度＝质量/体积＝容重/重力加速度＝力×时间^2/长度^4。

2. ANSYS 基本分析步骤介绍

1)创建有限元模型——前处理(Pre processor)

①创建或读入几何模型(Modeling)。②定义材料属性(Define Material Properties)。③划分网格(节点及单元)(Meshing)。

2)施加载荷并求解——求解(Solution)

①施加载荷及载荷选项，设定约束条件(Define Loads)。②求解(Solve)。

3)查看结果——后处理(Post Processor)

①查看分析结果(Results)。②检验结果(分析是否正确)。

第 19 章　偏心拉杆极值应力的数值模拟

19.1　问题描述及定性分析

如图 19.1 所示为实验室偏心拉伸试件的几何模型，其材料为不锈钢，杆件的厚度为 5mm，图中标注尺寸的单位均为 mm，利用有限元分析该偏心拉杆的应力最大点(不论正负)，即危险点。弹性模量 E 为 215GPa。

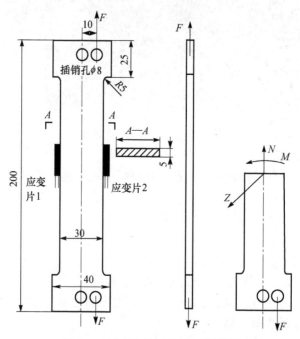

图 19.1　偏心拉伸试件的几何模型

由于偏心拉杆在 X、Y 方向上的尺寸大于在 Z 方向上的尺寸，且在外载荷作用下，在 Z 方向上没有位移，因此该问题属于平面应力问题。

19.2　具体分析步骤

1. 定义工作文件名称和分析标题

(1)指定任务名：执行 Utility Menu＞File＞Change Jobname 命令，在弹出的 Change Jobname 对话框中输入 "eccentric tension"。选择 New log and error files 复选框，单击 OK 按钮。如图 19.2 所示。

(2)定义分析标题：执行 Utility Menu＞File＞Change Title 命令。在弹出的 Change Title 对话框中输入"stress analysis"，单击 OK 按钮。

(3)重新显示：Utility Menu＞Plot＞Replot 命令。

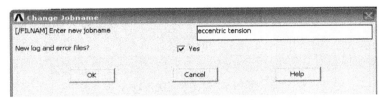

图 19.2　定义工作文件名称

2. 定义单元类型和单元实常数

(1)选择单元类型：执行 Main Menu＞Preprocessor＞Element Type＞Add/Edit/Delete 命令，弹出 Element Type 对话框，单击 Add 按钮，弹出如图所示的 Library of Element Types 对话框。选择 Structural Solid 和 Quad 8node 82 选项，单击 OK 按钮，然后单击 Close 按钮，如图 19.3 所示。单击 Options 按钮，弹出图 19.4 所示对话框，在第一个下拉菜单中选择 Planestrs w/thk，单击 OK 按钮。

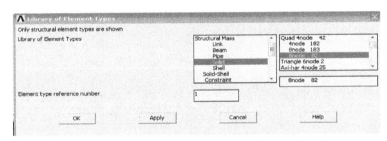

图 19.3　单元类型选择

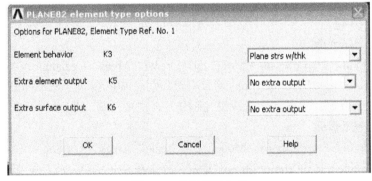

图 19.4　单元属性定义

(2)定义单元实常数：执行 Main Menu＞Preprocessor＞Real Constant＞Add/Edit/Delete 命令，弹出 Real Constant 对话框，单击 Add 按钮，弹出 Real Constant Set for Number1,for PLANE82 对话框，在 THK 文本框中输入"0.005"，单击 OK 按钮。回到 Real Constant 对话框，单击 Close 按钮，如图 19.5 所示。

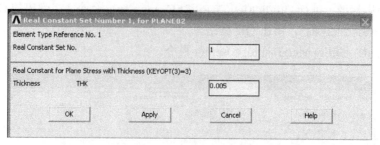

图 19.5　定义单元实常数

（3）设置材料属性：执行 Main Menu＞Preprocessor＞Material Models 命令，弹出 Define Material Models Behavior 窗口。双击 Material Model Available 列表框中的 Structural\Linear\Elastic\Isotropic 选项，弹出 Linear Isotropic Material Properties for Material Number 1 对话框。

　　在 EX 和 PRXY 文本框中分别输入"2.06e11"及"0.3"，单击 OK 按钮，然后执行 Material＞Exit 命令，完成材料属性的设置，如图 19.6 所示。

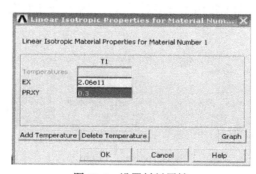

图 19.6　设置材料属性

（4）保存数据：单击 ANSYS Toolbar 中的 SAVE-DB 按钮。

3. 创建几何模型

1）生成第一个矩形面

执行 Main Menu＞Preprocessor＞Modeling＞Create＞Areas＞Rectangle＞By Dimensions 命令，弹出 Create Rectangle by Dimensions 对话框，分别在 WP X、WP Y、Width 和 Height 文本框中输入"0,0,0.04,0.2"。单击 Apply 按钮（图 19.7），在图形窗口显示一个矩形。

2）生成第二个矩形面

执行 Main Menu＞Preprocessor＞Modeling＞Create＞Areas＞Rectangle＞By Dimensions 命令，弹出 Create Rectangle by Dimensions 对话框，分别在 WP X、WP Y、Width 和 Height 文本框中输入"0,0.03,0.005,0.14"。单击 Apply 按钮，在图形窗口显示一个矩形。

3）生成第三个矩形面

执行 Main Menu＞Preprocessor＞Modeling＞Create＞Areas＞Rectangle＞By Dimensions 命令，弹出 Create Rectangle by Dimensions 对话框，如图 19.8 所示输入数据，单击 OK 按钮，在图形窗口显示一个矩形。

图 19.7 第一个矩形面

图 19.8 第二个矩形面

4) 生成第一个小圆

执行 Main Menu＞Preprocessor＞Modeling＞Create＞Areas＞Circle＞Solid Circle 命令，弹出如图 19.9 所示的 Solid Circular Area 对话框。分别在 WP X、WP Y 和 Radius 文本框中输入"0.02,0.01,0.004"。单击 Apply 按钮，如图 19.9 所示。

5) 生成第二个小圆

分别在 WP X、WP Y 和 Radius 文本框中输入"0.03,0.01,0.004"。单击 Apply 按钮。

6) 生成第三个小圆

分别在 WP X、WP Y 和 Radius 文本框中输入"0.02,0.19,0.004"。单击 Apply 按钮。

7) 生成第四个小圆

分别在 WP X、WP Y 和 Radius 文本框中输入"0.03,0.19,0.004"。单击 OK 按钮，如图 19.10 所示。

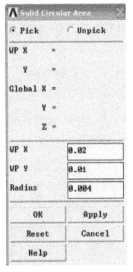

图 19.9 第一个小圆

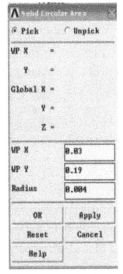

图 19.10 第四个小圆

8)执行面相减操作

执行 Main Menu＞Preprocessor＞Modeling＞Operate＞Booleans＞Subtract＞Areas 命令，弹出一个拾取框，拾取编号为 A1 的面，单击 Apply 按钮，然后拾取编号为 A2、A3、A4、A5、A6、A7 的面，单击 OK 按钮。

9)生成第五个小圆

执行 Main Menu＞Preprocessor＞Modeling＞Create＞Areas＞Circle＞Solid Circle 命令，弹出如下图所示的 Solid Circular Area 对话框。分别在 WP X、WP Y 和 Radius 文本框中输入"0,0.03,0.005"。单击 Apply 按钮。

10)生成第六个小圆

分别在 WP X、WP Y 和 Radius 文本框中输入"0.04,0.03,0.005"，单击 Apply 按钮。

图 19.11　面相减后图形(试件 *XY* 面形状)

11)生成第七个小圆

分别在 WP X、WP Y 和 Radius 文本框中输入"0.04,0.17,0.005"，单击 Apply 按钮。

12)生成第八个小圆

分别在 WP X、WP Y 和 Radius 文本框中输入"0,0.17,0.005"，单击 OK 按钮。

13)执行面相减操作

执行 Main Menu＞Preprocessor＞Modeling＞Operate＞Booleans＞Subtract＞Areas 命令，弹出一个拾取框，拾取编号为 A1 的面，单击 Apply 按钮，然后拾取编号为 A8、A9、A10、A11 的面，单击 OK 按钮，面相减操作后的结果如图 19.11 所示。

14)保存几何模型

单击 ANSYS Toolbar 中的 SAVE-DB 按钮。

4. 生成有限元网格

1)设置网格的尺寸大小

执行 Main Menu＞Preprocessor＞Meshing＞Size Controls＞Manual Size＞Lines＞All Lines 命令，弹出如图所示的 Element Sizes 对话框。在 Element edge length 文本框中输入"0.005"，单击 OK 按钮，如图 19.12 所示。

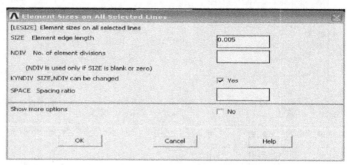

图 19.12　设置网格尺寸大小

2)采用自由网格划分单元

执行 Main Menu＞Preprocessor＞Meshing＞Mesh＞Areas＞Free 命令。弹出 Mesh Area 对话框。拾取图中的面，单击 OK 按钮，生成的网格如图 19.13 所示。

3)保存结果

单击 ANSYS Toolbar 中的 SAVE-DB 按钮。

5. 施加载荷

(1)定义分析类型：执行 Main Menu＞Solution＞Analysis Type＞New Analysis 命令，弹出 New Analysis 对话框，选取 Static，单击 OK 按钮。

(2)施加位移载荷(图 19.14)：选择 Main Menu＞Preprocessor＞Loads＞Define Loads＞Apply＞Structural＞Displacement＞On lines 命令，弹出实体选取对话框,用鼠标选中图形的线 L1,单击 OK 按钮。

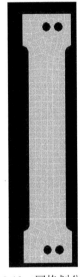

图 19.13　网格划分结果

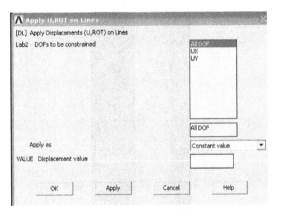

图 19.14　施加位移

(3)出现 Apply U, ROT on Lines 对话框，选择约束 All DOF 选项，并设置 Displacement value 为 "0" 或者留空，单击 OK 按钮，约束全部位移自由度。

(4)施加集中载荷(图 19.15)：选择 Main Menu＞Preprocessor＞Loads＞Define Loads＞

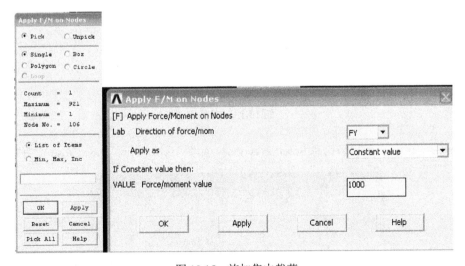

图 19.15　施加集中载荷

Apply＞Structural＞Force/Moment＞On Nodes 命令，拾取 No.106 节点，单击 Apply 按钮，弹出 Apply F/M on Nodes 对话框，在[Lab Direction of force/mom]的下拉菜单中选中 FY，并在 Force/Moment value 文本框中输入"1000"，单击 OK 按钮。

(5)至此，就可以在视图窗口中得到模型的约束信息，如图 19.16 所示。

(6)重复第四步操作，分别在 Force/Moment value 文本框中输入"2000"、"3000"、"4000"、"5000"，建立约束模型。

6. 求解

(1)选择 Main Menu＞Solution＞Solve＞Current LS 命令，将弹出如图 19.17 所示的窗口。/STATUS Command 窗口里包括了所要计算模型的求解信息和载荷步信息。

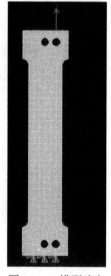

图 19.16　模型建立

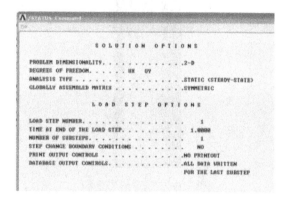

图 19.17　状态命令

(2)单击 Solve Current Load Step 对话框中的 OK 按钮，程序开始计算，如图 19.18 所示。

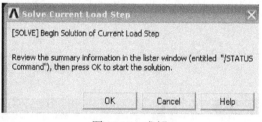

图 19.18　求解

(3)计算完毕后，出现提示信息 Solution is done，如图 19.19 所示，单击 Close 按钮关闭即可。

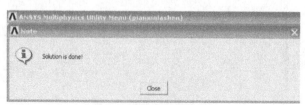

图 19.19　求解完毕

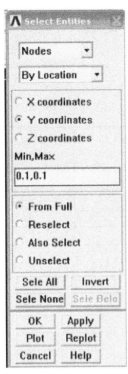

图 19.20　选取试件
中部节点

7. 结果分析，通用后处理

完成计算以后，可以通过 ANSYS 软件的后处理模块来查看计算得到的结果，经常用到的结果查看有显示变形图、显示 von Mises 等效应力、列出模型反力值等。

(1)选取试件中部节点：执行菜单栏中的 Select＞Entities 命令，弹出 Select Entities 对话框，在第一个下拉菜单中选择"Nods"，在第二个下拉菜单中选择"By Location"，在变化的选项中选中 Y coordinates，在 Min,Max 文本框中输入"0.1,0.1"，单击 OK 按钮，如图 19.20 所示。

(2)试件中部节点显示：执行菜单栏中的 Plot＞Nodes 命令，图形显示中部节点，再执行菜单栏中的 PlotCtrls＞Numbering 命令，弹出 Plot Numbering Controls 对话框，在 NODE node numbers 复选框中选择 on，图形显示最左端为节点 No.160，最右端为节点 No.60，如图 19.21 所示。

(3)查看节点 Y 方向应力值：执行 Main Menu＞General Postproc＞List Results＞Nodal Solution 命令，弹出 List Nodal Solution 对话框，单击列表框中的 Stress\Y-Component of stress 选项，如图 19.22 所示，单击 OK 按钮。

(4)弹出 PRNSOL Command 对话框，查看节点 No.60 和 No.160 在 SY 方向上的值，单击 File＞Save as 保存数据。

图 19.21　试件中部节点显示

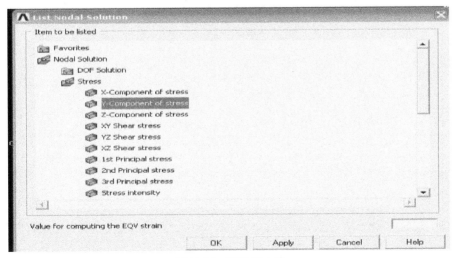

图 19.22　查看应力值

19.3　数值模拟结果与理论值的比较

数值模拟结果与实验λ理论值的比较见表 19.1。

表 19.1　数值模拟结果与实验λ理论值的比较

载荷 P/kN	模拟值 σ_2 /MPa	理论值 σ_2 /MPa	相对误差/%
1	20	20	0
2	40	40	0
3	60.001	60	0.001
4	80.001	80	0.001
5	100	100	0

数值模拟结果与理论结果所差无几，和实验值结果的相对误差也小于 5%，因此三者吻合度非常高。

第20章 细长压杆临界载荷的数值模拟

20.1 屈曲分析简介

屈曲分析主要分为线性屈曲分析和非线性屈曲分析。线性屈曲的剖析不但可依据预载荷进行，也可应用惯性释放；非线性屈曲分析的方法较多，主要有弹塑性失稳分析、几何非线性失稳分析、非线性后屈服分析等。

线性屈曲：线性屈曲分析要求的是较小的位移和较小的应变，结构在受力过程中发生的形变不考虑在内，即在外力加载各阶段，平衡方程是建立在结构初始结构上的。当受力达到某一临界值时，结构构形会骤然出现另一种平衡状态，此现象称为屈曲。不超过临界点的称为前屈曲，超过临界点的称为后屈曲。

非线性屈曲分析的首要任务是特征值屈曲的分析，特征值屈曲分析可以估测到大概的临界失稳力，非线性屈曲分析时所加力的大小不应超过这一临界力。还要注意非线性屈曲的分析要求结构不完善。如果细长杆在初始状态时没有发生轻微的侧向弯曲，或者施加一力使它产生轻微的侧向挠动，在这种情况下非线性屈曲分析是得不出结果的。为了进行非线性屈曲的分析就得使结构变得不完善，必须想办法让受力杆件产生侧向弯曲。

非线性分析优先在线性特征值的基础上进行，因为这种分析方法的结果主要依赖所加的初始缺陷，可以了解到初始缺陷的问题。对于材料的非线性缺陷也可以通过该方法体现出来。如果所加的几何缺陷不是最低阶的，那么可得到高阶的失稳模态。

ANSYS 屈曲分析用数值模拟经过创建单元类型、定义材料特性等步骤操作最终得出了屈曲载荷系数的结果，将其与计算值进行比较，借此来说明计算的准确性。

20.2 具体分析步骤

(1)改变工作名。针对杆件的模拟首先在实用菜单中进行定义文件工作名的操作，定义文件的工作名为 beam2，具体的操作步骤的窗口截取如图 20.1 所示。

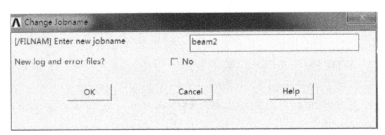

图 20.1 工作文件名对话框

(2)创建单元类型。由于数值模拟的对象是细长压杆，在主菜单中通过预处理的方式添加对应的细长压杆的单元类型，选择三维梁单元，并且要求能在三维空间里呈现，操作截图如图 20.2 所示。

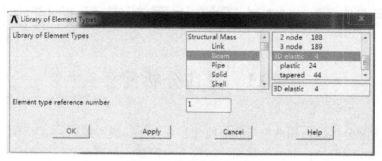

图 20.2　单元类型对话框

　　(3) 定义材料特性。在主菜单下进行预处理并定义材料的特性，遵循杆件线性结构及等方向性的要求，完成对材料模型的正确选择并进行如图 20.3 所示的操作，接下来会出现输入弹性模量及泊松比的对话框，如图 20.4 所示。在该框对应的 EX 及 PRXY 的右侧分别输入参数 2e11 (2×10^{11} Pa) 和 0.3，完成后退出对话框。

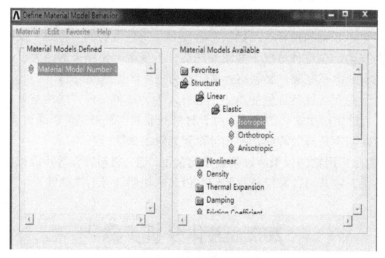

图 20.3　材料模型对话框

　　(4) 定义实常数。在主菜单中进行实常数的具体输入操作，把已知量进行输入处理。经过主菜单的拾取、预处理分析、实常数操作、添加、编辑等操作步骤的完成，会弹出如图 20.5 所示的实常数的窗口，进行添加处理，弹出如图 20.6 所示的对话框，在列表中选择单元格类型 Type 1 BEAM4，单击 OK 按钮，弹出如图 20.7 所示的元素类型的对话框，在 AREA、IZZ、IYY、TKZ、TKY、THETA 代表的实常数的文本框中分别输入 6e-5、4.5e-11、2e-9、0.003、0.02、0，输入完成后确认；返回如图 20.5 所示的实常数对话框，单击 Close 按钮退出对话框。定义实常数的操作具体依据自己的测量杆件的参数长、宽、高和弹性模量等进行有针对的分析，确保所有参数的结果正确。

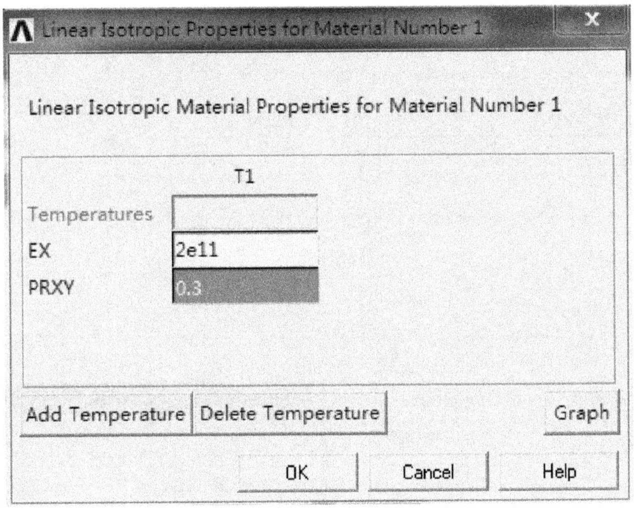

图 20.4　材料特性对话框

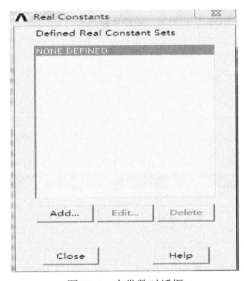

图 20.5　实常数对话框

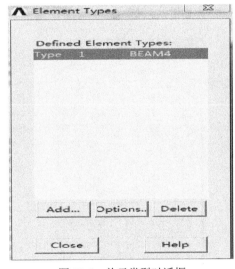

图 20.6　单元类型对话框

(5)创建关键点。根据关键点创建的具体步骤在主菜单中进行关键点的创建操作（三维坐标系），弹出如图 20.8 所示的创建关键点对话框，在 NPT 文本框中输入 1，在 X, Y, Z 文本框中分别输入 0, 0, 0，单击 Apply 按钮实现第一次添加；在 NPT 文本框中输入 2，在 X, Y, Z 文本框中分别输入"0, 0.326, 0"，单击 OK 按钮实现第二次添加并退出。

(6)创建直线。在承接操作上述操作步骤的基础上进行直线的创建，按步操作弹出拾取窗口，拾取屏幕中的关键点 1 和 2，关键点拾取完成后在主操作界面就会自动出现两点连成的直线，直线创建完成。

(7)单元的划分。按步骤选取主菜单，然后预处理，再进行啮合处理，最后进行单元的划分。弹出如图 20.9 所示的创建单元工具对话框，左击 Size Controls 区域中的直线部分进行直线的处理。拾取已经创建成功的直线，单击 OK 按钮，弹出如图 20.10 所示的单元尺寸对话框，在 NDIV 文本框中输入"10"，单击 OK 按钮退出；单击 Mesh 区域的 Mesh 按钮，弹出拾取窗口，拾取直线 1，单击 OK 按钮。将创建的杆件对应的直线段进行了 10 等分的单元格的划分，以后的操作决定了这一步的重要性。

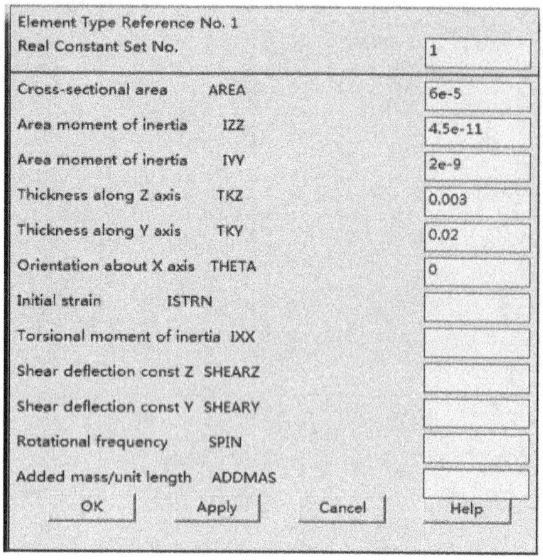

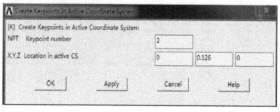

图 20.7　元素类型对话框

图 20.8　创建关键点窗口

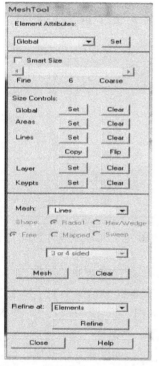

图 20.9　创建单元工具对话框图

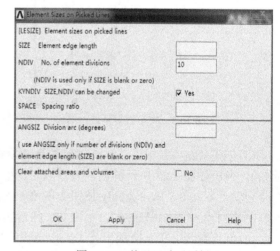

图 20.10　单元尺寸对话框

(8)打开预应力效果。在主菜单中对于解决方案进行有针对性的选择，在图 20.11 中打开预应力效果的功能，选择 Basic 项，选中 Calculate prestress effects 项，其余选项保持初始状态不变，单击 OK 按钮。

(9)显示关键点号。在实用菜单图形控制中进行有关关键点显示的操作。在弹出的窗口中，单击将关键点号打开，单击 OK 按钮。

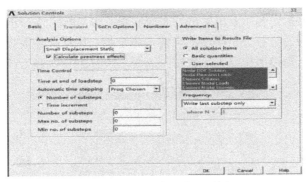

图 20.11　预应力开关对话框

(10)显示线。选取菜单 Utility Menu＞Plot＞Lines。

(11)限制自由度。在主菜单中进行约束施加的相关操作，针对关键点 1、2 进行各自约束的添加。约束的添加首先要进行关键点的拾取。经过一定的步骤首先拾取关键点 1，出现图 20.12 所示的窗口。对于点 1 限制它 UX、UY、UZ、ROTX、ROTY 等五个自由度；对于关键点 2 所要限制的自由度不同，它只要限制 UX、UZ、ROTX、ROTY 等四个自由度。最后检查确定两点自由度的限制正确。

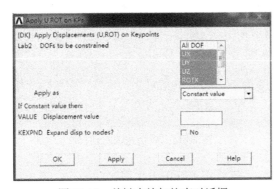

图 20.12　关键点施加约束对话框

(12)添加力的作用。在主菜单的操作里按照解决方案、定义载荷、添加等步骤实现关键点 2 的拾取，然后添加载荷。在关键点 2 成功拾取之后，弹出如图 20.13 所示的对话框，选择 Lab 为 "FY"，在 VALUE 文本框中输入-1，单击 OK 按钮。

图 20.13　关键点施加载荷窗口

(13)计算分析。在实现加载约束及载荷之后，就要开始进行分析求解的过程，直到在操作出现解决方案通过。

(14) 完成静应力分析。在主菜单中进行完成操作,实现静应力的分析。

(15) 指定分析类型。进行分析类型的确定,关于细长压杆临界载荷的确定方案所涉及的屈曲分析,在新的分析窗口中选择特征值屈曲选项,如图 20.14 所示。

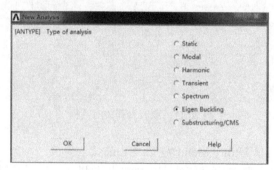

图 20.14　分析类型对话框

(16) 指定分析选项。选取菜单 Main Menu>Solution>Analysis Type>Analysis Options。弹出如图 20.15 所示的分析选项对话框,在 NMODE 文本框中输入 1,单击 OK 按钮退出文本框。

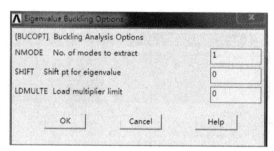

图 20.15　分析选项对话框

(17) 指定扩展接。选取主菜单,进行指定扩展接的操作,弹出如图 20.16 所示的扩展模态对话框,在 NMODE 文本框中输入 1,单击 OK 按钮退出文本框。

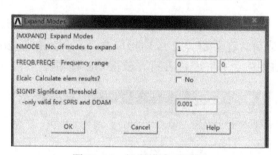

图 20.16　扩展模态对话框

(18) 选取主菜单、解决方案、载荷步设置等操作直至弹出如图 20.17 所示的输出控制对话框对话框,Item 下拉列表选择为 Nodal DOF solu,并选中 Every substep,单击 OK 按钮退出文本框。

(19) 确定显示输出的内容。

(20) 求解。

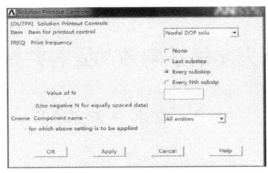

图 20.17　输出控制对话框

(21) 读入第一个载荷步数据。

(22) 显示屈曲载荷系数和临界载荷。确认屈曲分析的完成，并查看屈曲分析的结果。进行屈曲系数的显示和观察，结果如图 20.18 所示，屈曲载荷系数为 835.82，理论值分析时计算的临界载荷为 835.81N，与解析解几乎完全一致（误差允许范围内）。

(23) 显示结构失稳变形。

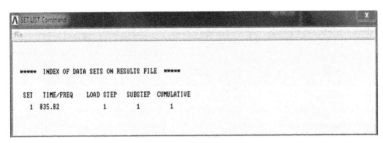

图 20.18　屈曲载荷显示

经过所有的操作步骤之后，要将受过临界载荷作用的细长压杆的失稳结构图清楚地显示出来，显示结果如图 20.19 所示。

图 20.19　结构失稳图

第21章 压力水塔横向振动固有频率的数值模拟

21.1 模态分析简介

模态分析用来确定一个结构的固有特性：固有频率、振型和阻尼，从而描述结构的过程。模态分析是进行其他动力学分析，如响应谱分析、谐响应分析、瞬态动力学分析等分析必不可少的前期分析过程，它们都需要在模态分析的基础上进行。通过模态分析方法确定了结构的固有模态，也得到了在某一频率范围内主要模态的特性，从而避免在这一频率范围内结构内部或外部的设计产生共振。

换一种角度看，其实就是系统中具有多少个特征值就代表有多少个有限元模型的自由度。在实际工程设计中，为了防止产生共振，需要避免这些频率。压力水塔的结构属于一种常见的结构形式，内部或外部受到激励的频率接近固有频率时会发生共振现象，严重的话会破坏整个系统，造成无法估量的损失。

21.2 ANSYS 模态理论分析基础

模态分析的运动方程为

$$[M]\{\ddot{u}\} + [C]\{\dot{u}\} + [K]\{u\} = \{F(t)\}$$

式中，$[M]$ 为质量矩阵；$[C]$ 为阻尼矩阵；$[K]$ 为刚度矩阵；$\{\ddot{u}\}$、$\{\dot{u}\}$、$\{u\}$ 分别为振动加速度向量、速度向量、位移向量；$\{F(t)\}$ 为结构所受的激振力向量。

将对象离散成有限个单元，并求出这些单元的刚度矩阵：

$$[K_{ij}]^{e} = \int_{v} [B_i]^{T} [D] [B_j] \mathrm{d}v$$

式中，$[D]$ 为弹性矩阵；$[B_i]$ 和 $[B_j]$ 为应力、应变关系矩阵。

单元质量矩阵为

$$[M_{ij}]^{e} = \rho \int_{v} [N_i]^{T} [N_j] \mathrm{d}v$$

式中，$[N_i]$ 和 $[N_j]$ 为形函数矩阵；ρ 为单元质量密度。

在模态分析中没有激振力的作用，即 $\{F(t) = 0\}$。在求振动的频率和振型时，阻尼对其影响不大，因此得到无阻尼的运动方程及其特征方程。特征方程为

$$([K] - \omega_i^2 [M])\{A^{(i)}\} = 0$$

式中，ω_i 为第 i 阶模态固有频率；$\{A^{(i)}\}$ 为第 i 阶固有频率所对应的主振型。

一般 n 自由度系统中含有固有频率以及对应的主振型分别为 n 个，自由振动时结构的每一对频率和振型都表示一个单自由度系统的自由振动，这种振动的基本特性就是模态。

21.3　具体模拟步骤

找到 ANSYS Workbench14.5，启动此软件，进入软件的工作界面(图 21.1)。

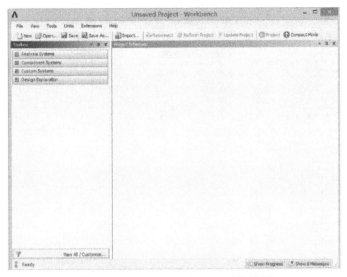

图 21.1　ANSYS Workbench 工作界面

1. 前处理阶段

1)创建水塔模型

利用 Pro/E 三维软件按照前面实验时所测得的压力水塔尺寸，创建图 21.2 所示的简易压力水塔模型，因为测量条件有限，且该水塔荒废时间较久，相关数据参数早已丢失，因此创建的水塔模型只能刚好表达其特征。首先，单击主界面菜单栏中的文件→新建，新建文件类型为零件，子类型为实体，并去掉使用默认模板选项，输入新建文件名称为"st"。单击确定，之后选择合适模板"mmns-part-solid"。单击软件菜单栏中的文件→保存副本，选择文件所保存的类型。为了更好地利用 ANSYS Workbench 与 CAD 软件无缝集成这一特点，文件所保存的格式为.stp 格式，以保证 ANSYS 软件可以打开此模型。

图 21.2　压力水塔模型

2）导入水塔模型

找到在软件主界面左侧 Toolbox 中的 Analysis Systems＞Modal（模态分析）并双击，就可以在 Toolbox 的右侧 Project Schematic 中创建模态分析项目 A，如图 21.3 所示。

图 21.3　创建模态分析项目 A

右击模态分析项目中 A3Geometry＞Import Geometry（导入几何体）＞Browse，在弹出的对话框里找到之前所保存的 st.stp 文件，并双击导入。双击 A3 栏中 Geometry，进入 Design Modeler 模块，选择毫米单位制，并单击 Generate 生成模型。为了方便选择结构上的线和面，单击菜单栏中 View＞Frozen Body Transparency，取消冻结体透明显示，压力水塔模型如图 21.4 所示。

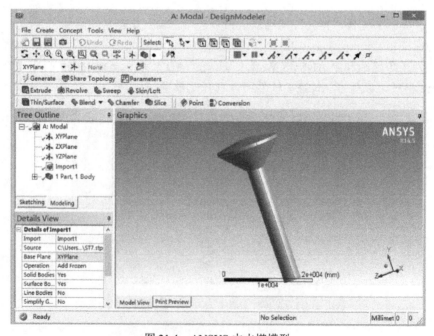

图 21.4　ANSYS 中水塔模型

为了划分六面体网格，将该模型进行切分操作，使之变成可扫掠体。单击工具栏中 Extrude 按钮，在界面左下侧 Details View 面板内分别找到 Geometry 与 Direction Vector 这两栏，单击 Apply 按钮，选择如图 21.5 所示的几何形状和方向向量。

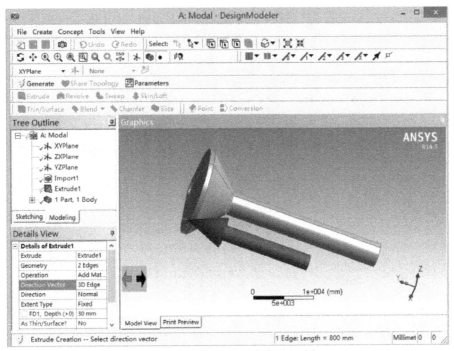

图 21.5 几何形状及方向向量的选择

继续在 Details View 面板中找到 Operation 这一栏，在此选项中选择 Slice Material。接着在 Direction Vector 这一栏下方找到 Extent Type（贯穿类型），单击选择 Through All（贯穿所有）。更改后的面板选项如图 21.6 所示。单击 Generate 生成模型发现已将该结构分成 3 parts, 3 bodies。

Details View	
Details of Extrude1	
Extrude	Extrude1
Geometry	2 Edges
Operation	Slice Material
Direction Vector	3D Edge
Direction	Normal
Extent Type	Through All
As Thin/Surface?	No
Target Bodies	All Bodies
Merge Topology?	Yes
Geometry Selection: 2	
Edges	2

图 21.6 更改后的面板选项

继续进行分割，单击菜单栏中 Slice 按钮，选择 X-Y 平面作为基准平面，单击 Generate 按钮，该结构变为 6 parts, 6 bodies；进行最后的分割，单击菜单栏中 Slice 按钮，选择 Y-Z 平面为基准平面，单击 Generate 生成，则结构变为 12 parts, 12 bodies。在 Tree Outline 中将结构的 12 个部分全部选择，并右击，选择 Form New Part 选项，如图 21.7 所示，完成后单击界面右上角 X （关闭）按钮，回到软件主界面。

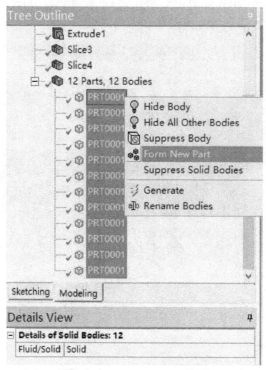

图 21.7　Form New Part 选项

3) 定义材料属性

双击模态分析项目 A 中的 A2Engineering Data 选项，进入工程数据源界面，如图 21.8 所示，在此界面中可以增加和修改材料参数。

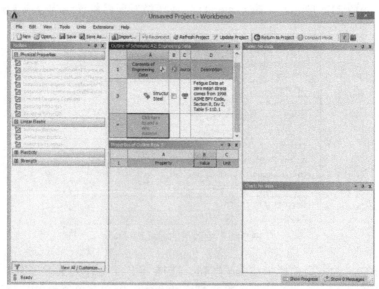

图 21.8　工程数据源界面

在 Outline of Schematic A2：Engineering Data 板块中添加材料，材料名为 C25。在左侧

Toolbox 中 Physical Properties 模块下双击选择 Density，以及 Linear Elastic 模块下双击选择 Isotropic Elasticity，确定密度、弹性模量及泊松比等参数，如图 21.9 所示，设置完成后单击工具栏中 Return to Project 按钮返回主界面。

Properties of Outline Row 3: c25

	A	B	C	D	E
1	Property	Value	Unit		
2	Density	2600	kg m^-3		
3	Isotropic Elasticity				
4	Derive from	Young's M...			
5	Young's Modulus	2.8E+10	Pa		
6	Poisson's Ratio	0.22			
7	Bulk Modulus	1.6667E+10	Pa		
8	Shear Modulus	1.1475E+10	Pa		

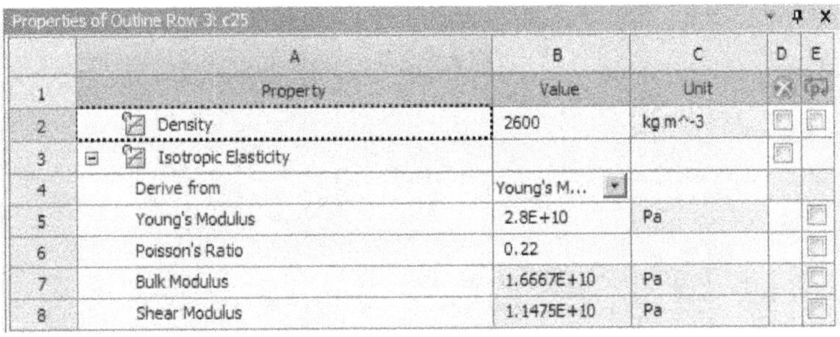

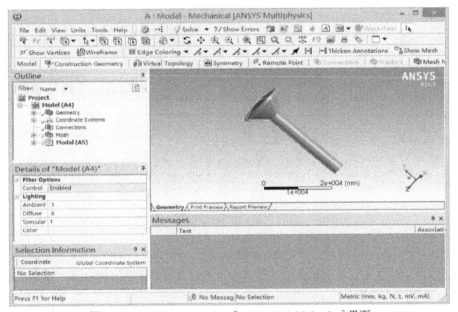

图 21.9　材料参数设置

4) 划分网格模型

打开主界面中模态分析项目管理区域的 A3 栏 Model 选项，进入如图 21.10 所示的 Modal-Mechanical[ANSYS Multiphysics]界面。在此界面下可进行网格划分、确定约束、结果观察等操作。

图 21.10　Modal-Mechanical[ANSYS Multiphysics]界面

找到此界面左侧 Outline 中 Project＞Model(A4)＞Geometry＞Part 选项并单击，在 Details of Part 模块中为模型添加材料，如图 21.11 所示。

之前对模型进行的切分操作是为了划分高质量的网格，切分完成后经过一系列操作使之变为 1 part，并且保证这个体中的节点为共享。在工具栏中单击图标确定选择的对象为体，接着找到界面左侧 Outline 中 Mesh 选项，右击 Mesh＞Insert＞Sizing，在 Details of “Body Sizing” 中 Scope 下 Geometry 栏中确定几何参数的选择，右击界面视图区域空白处，选择 Select All，并单击 Geometry 栏后的 Apply 按钮，如图 21.12 所示，模型的 12 bodies 将被选中。

图 21.11　添加材料

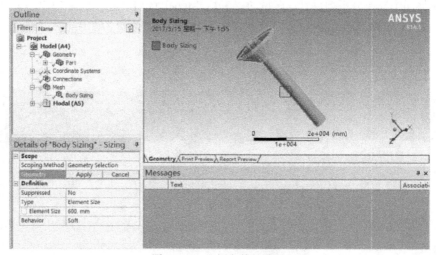

图 21.12　几何参数的选择

在 Details of "Body Sizing" 中 Element Size 栏里输入 600 mm 来确定网格尺寸的大小，右击界面左侧 Outline 中的 Mesh 选项，在弹出的快捷菜单中选择 Generate Mesh 选项生成网格，网格效果如图 21.13 所示。

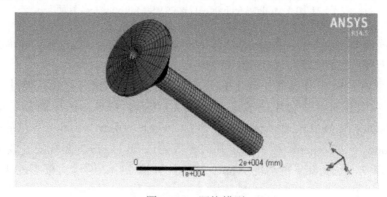

图 21.13　网格模型

2. 施加约束，进行求解阶段

1) 施加远端位移约束

单击 Mechanical 界面左侧 Outline 下 Modal(A5)选项，出现 Environment 工具栏，如图 21.14 所示，在生成的 Environment 工具栏中单击 Supports＞Remote Displacement(远端位移约束)，则在 Modal(A5)下出现 Remote Displacement(远端位移约束)选项，如图 21.15 所示。

图 21.14　Environment 工具栏

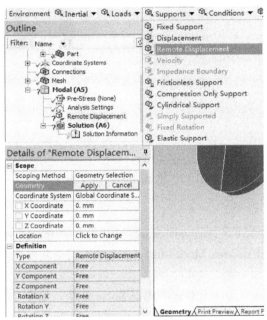

图 21.15　选择远端位移约束

左击 Outline 中 Remote Displacement，单击 Details of "Remote Displacement" 中 Scope 选项下 Geometry 栏中的 Apply 按钮，选择需要施加约束的面，如图 21.16 所示。

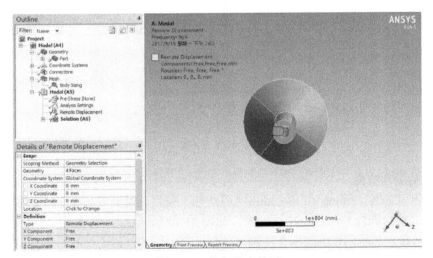

图 21.16　施加约束的面

根据实际情况需要限制 Y、Z 方向的位移，X、Y 方向的转动，在 Details of "Remote Displacement" 中 Definition 下将 Y Component、Z Component 由 Free 状态改为 Constant 状态，同样将 Rotation X、Rotation Y 由 Free 状态改为 Constant 状态，更改后的参数如图 21.17 所示。

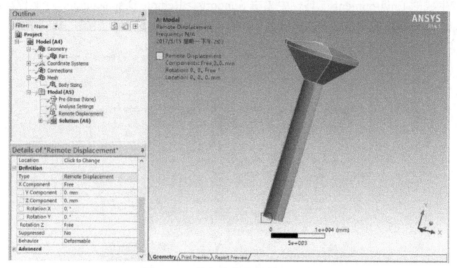

图 21.17　施加的位移与转动约束

2) 求解

在 Outline 中 Modal(A5) 下 Analysis Settings 选项上单击鼠标左键，在出现的 Details of "Analysis Settings" 栏中找到 Max Modes to Find 选项，改变其参数为 "8"，即最后所得的模态阶数为 8 阶。

在 Outline 中 Modal(A5) 选项上右击，选择 Solve 命令，如图 21.18 所示。

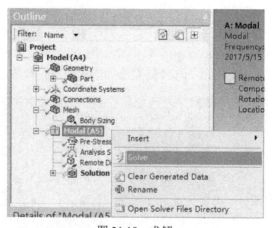

图 21.18　求解

3. 结果后处理阶段

左击此界面左侧 Outline 中 Solution(A6) 选项，可以查看到界面右下方的各阶模态频率 Tabular Data（数据列表）与 Graph（图表），如图 21.19 所示。

因为前两阶所分析的模态频率存在刚体位移，且用远端位移约束时，X 方向（横向）的位移和 Z 方向（纵向）的转动不受约束，因此前两阶的模态频率趋近于 0，在分析时需要从第三

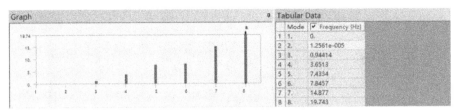

图 21.19　各阶模态频率

阶的频率开始分析。选中模态频率 Tabular Data（数据列表）中第三阶到第八阶的频率，并单击鼠标右键选取 Create Mode Shape Results 选项，如图 21.20 所示，则这六阶的变形选项将出现 Solution（A6）选项下。右击界面左侧 Outline 中的 Solution（A6）选项，在弹出的菜单中选择 Evaluate All Results（评估所有结果），上一步所选取的六阶变形选项将被评估。

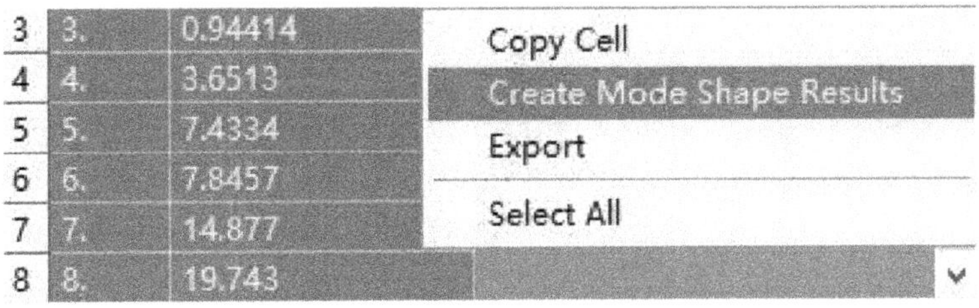

3	3.	0.94414	Copy Cell
4	4.	3.6513	Create Mode Shape Results
5	5.	7.4334	Export
6	6.	7.8457	
7	7.	14.877	Select All
8	8.	19.743	

图 21.20　模态频率的选取

选择 Solution（A6）下的 Total Deformation（总变形），则一阶模态总变形分析云图如图 21.21 所示。

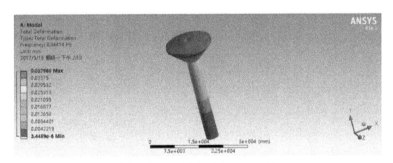

图 21.21　一阶模态总变形云图

图 21.22 所示为压力水塔二阶模态变形云图。

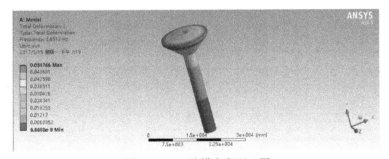

图 21.22　二阶模态变形云图

图 21.23 所示为压力水塔三阶模态变形云图。

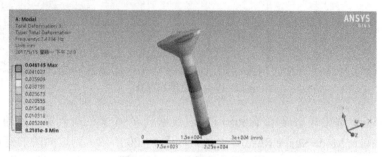

图 21.23　三阶模态变形云图

图 21.24 所示为压力水塔四阶模态变形云图。

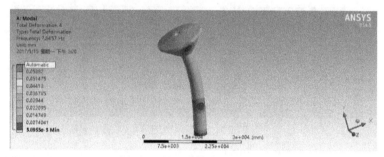

图 21.24　四阶模态变形云图

图 21.25 所示为压力水塔五阶模态变形云图。

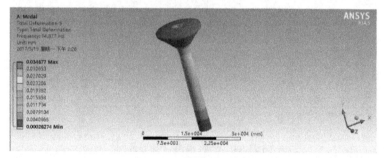

图 21.25　五阶模态变形云图

图 21.26 所示为压力水塔六阶模态变形云图。

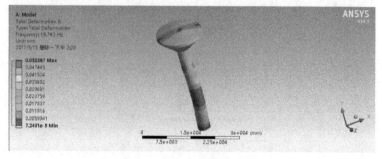

图 21.26　六阶模态变形云图

4. 保存与退出

单击 Mechanical 界面右上角的 ▣ (关闭) 按钮，即可返回到 ANSYS Workbench 主界面中。继续左击 Workbench 主界面中位于菜单栏上的 File (文件) 按钮，在下拉的菜单中点击 Save (保存) 按钮，如图 21.27 所示，所保存的文件名为"压力水塔模态分析.wbpj"。

单击 Workbench 右上角的关闭按钮，即可退出该主界面，完成压力水塔横向振动的分析。

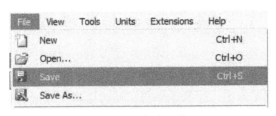

图 21.27　保存操作

21.4　模拟结果与实验结果对比

通过上述 ANSYS Workbench 有限元分析软件数值模拟的结果，可以得到在排除刚体位移情况下，压力水塔横向振动的一阶固有频率为 0.94414Hz，约为 0.94Hz。将得到的模拟结果与实验结果进行对比，模拟结果比实验所测得的压力水塔横向振动频率大，可以发现此次数值模拟过程中某些方面考虑不够周全，例如，在建模过程中水塔内部具体结构没有表现完全，没有考虑风致振动的影响。但总体来说，此次的模拟以及压力水塔的实验还是成功的。

第 22 章　不同加载速率下铸铁拉扭性能的数值模拟

22.1　铸铁拉伸扭转的模拟方案

根据已经完成的实验部分，结合 ANSYS Workbench 软件数值模拟的要求，设计不同加载速率下铸铁拉伸扭转的模拟方案，模拟速率与实验的速率一致，加载的时间取整，比实验的时间多 10～20s，见表 22.1。

表 22.1　铸铁拉伸扭转的模拟方案

模拟试件	轴向拉伸速率/(mm/min)	扭转速率/(°/min)	加载时间/s
铸铁 1	0.10	0.30	900
铸铁 2	0.15	0.45	800
铸铁 3	0.20	0.60	650
铸铁 4	0.25	0.75	450

22.2　软件模拟的具体步骤

1. 几何建模

打开 Pro/E 软件进行几何建模，试件尺寸是标准拉伸扭转试件的尺寸，如图 22.1 所示，建好的几何模型如图 22.2 所示。

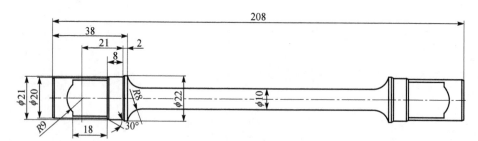

图 22.1　铸铁标准试件尺寸

2. 启动 Workbench 并建立分析项目

（1）将建好的模型保存副本，文件类型选择 IGES（*.igs），在新弹出的窗口中选择实体后，退出软件。在程序中打开 Workbench 14.5，进入 Workbench Workspace。

（2）在 Workbench Workspace 左侧的 Toolbox（工具箱）处展开其中的 Analysis Systems（分析系统）选项，双击 Transient Structural（结构动力学分析）选项，创建好新的项目，如图 22.3 所示。

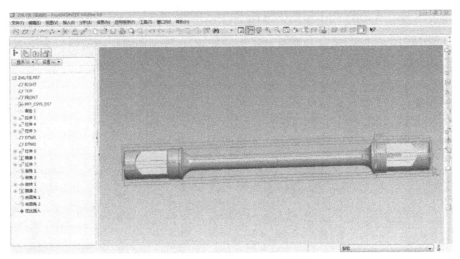

图 22.2　在 Pro/E 中建好的模型

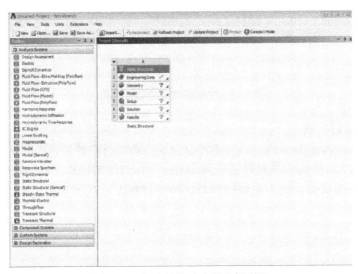

图 22.3　新建结构动力学分析项目

3. 导入创建好的几何实体

（1）在 Project Schematic 界面中，双击 A3 Geometry，弹出 DesignModeler 窗口，选择单位为 Millimeter（毫米），如图 22.4 所示，单击 OK 按钮。

（2）选择弹出 DesignModeler 窗口的左上角的 File，在 File 下拉菜单中选择 Import External Geometry File，弹出导入文件的对话框，选择之前保存的 *.igs 文件路径，导入 Pro/E 中保存的几何实体文件。

（3）导入文件成功后窗口中并不会显示实体，在 Tree Outline 小窗口中选择 Import1 选项，单击鼠标右键，选择 Generate（生成）选项，便会显示之前在 Pro/E 建好的模型，如图 22.5 所示。根据图形的比例测量

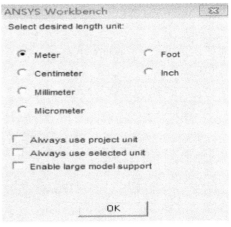

图 22.4　文件单位的选择

试件的尺寸，在确认图形尺寸无误后，关闭 DM 窗口，返回 Workbench Space（从 Pro/E 建模再导入 Workbench，单位如果没有设置好，可能导致在 Workbench 中的模型会变大，可以预先在 Pro/E 进行收缩模型）。

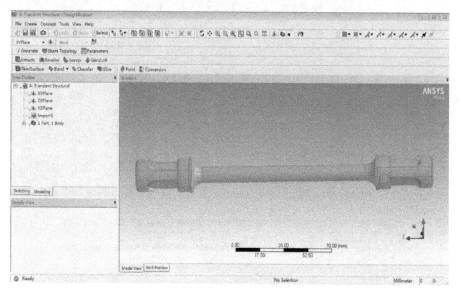

图 22.5　生成模型后的 DM 窗口

4. 添加实验所需材料

（1）双击 Engineering Data 选项，右侧窗口会变为添加材料的窗口，如图 22.6 所示。由于在 ANSYS Workbench 中初始的材料都是 Structural Steel（结构钢），与实验所用的灰铸铁材料不同，需要添加新的材料，因为灰铸铁材料在常用材料库中已经存在，所以不需要对灰铸铁材料进行参数设置。

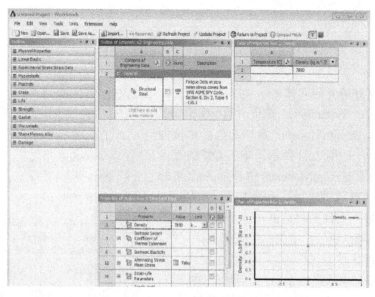

图 22.6　添加实验材料窗口

（2）单击鼠标的右键，选择 Engineering Data Sources（工程数据源）选项，原来的窗口会改变，如图 22.7 所示。Engineering Data Sources 和 Outline of Favorites 会取代原来的 Outline of Schematic A2：Engineering Data。

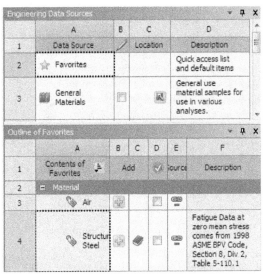

图 22.7　铸铁材料设置窗口

（3）在 Engineering Data Sources 窗口中选择 General Materials（常见的材料），然后添加 Materials 中的 Gray Cast Iron，如果出现和 Structural Steel 一样的标志，说明已经将灰铸铁材料添加至材料库，如图 22.8 所示。

图 22.8　成功添加灰铸铁材料

（4）单击鼠标右键，再次选择 Engineering Data Sources 选项，变回之前的界面，选择窗口右上方的 Return to Project 选项，返回到 Workbench Workspace。

5. 添加模型材料属性

（1）双击 Model 选项，进入 Mechanical［ANSYS Multiphysics］界面，如图 22.9 所示。

（2）展开 Mechanical［ANSYS Multiphysics］界面左侧的 Geometry 选项，选择出现的 MSBR 选项，在 Details of MSBR 窗口中添加模型材料，如图 22.10 所示。

（3）单击 Material 窗口第一行 Assignment 选项后的单元格，选择 Gray Cast Iron，成功改变材料，灰铸铁的材料属性不需要更改，如图 22.11 所示。

6. 划分网格

（1）选择 Mechanical［ANSYS Multiphysics］界面左侧的 Mesh 选项，在 Details of Mesh 中可以设置网格。Workbench 自动划分的网格并不能达到想要的精度，可能对实验结果有影响，所以需要改变网格尺寸的大小，在 Sizing 窗口第三行 Element Size 选项后设置尺寸，其余的参数可以不改变。经过多次的调整，最终确定尺寸为 2.5mm，如图 22.12 所示。

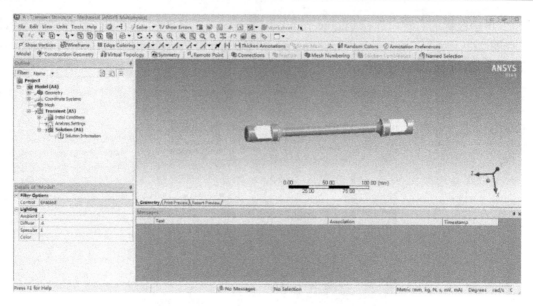

图 22.9   Mechanical〔ANSYS Multiphysics〕界面

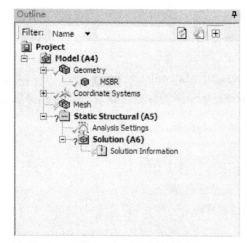

图 22.10   改变材料图

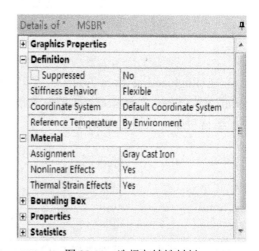

图 22.11   选择灰铸铁材料

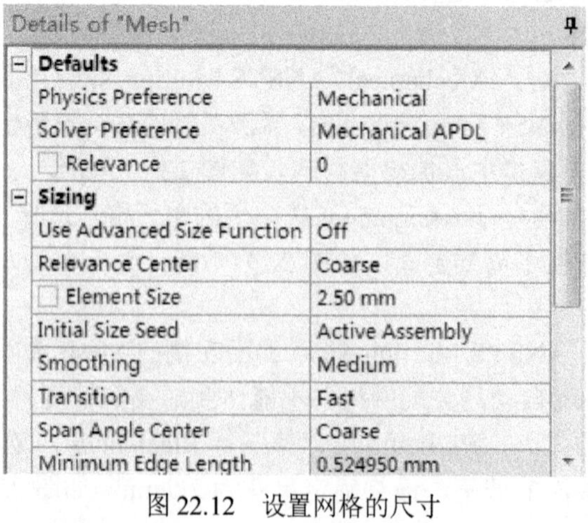

图 22.12   设置网格的尺寸

(2)在 Mechanical［ANSYS Multiphysics］界面左侧的 Mesh 选项处右击，选择 Generate Mesh 命令，在右侧窗口会显示网格效果，如图 22.13 所示。如果并不能达到预期的效果，返回上一步重新设置。

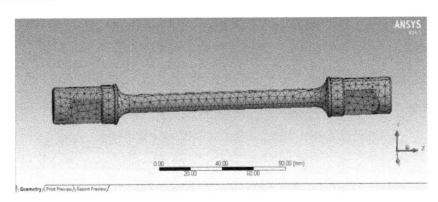

图 22.13　设置完成的网格效果

7. 设置关节的连接类型

(1)单击 Model(A4)，在上方变化的工具栏处选择 Connections，选择 Connections 中的 Body-Ground 选项，继续选择 General 选项。因为 Revolute 和 Translational 限制的自由度与实验限制的自由度有冲突，修改起来比较麻烦，直接选择 General，在 General 选择限制的自由度。

(2)单击左侧窗口出现的 General-Ground To MSBR，选择所要设置关节类型的面，单击 Scope 右边的 Apply 按钮。

(3)单击 Reference 小窗口下的 Coordinate System，选中试件一端的过渡部分，单击 Reference 右侧的 Apply 按钮，设置好参考坐标系。

(4)单击 Initial Position 右侧的单元格，将 Unchanged 改为 Override，单击新弹出来 Coordinate System，选中试件一端的过渡部分，单击 Reference 右侧的 Apply 按钮，设置好移动坐标系，与参考坐标系重合。

(5)将 Definition 小窗口下的 Translation Z 从 Fixed 改为 Free，设置完成第一个关节连接类型，使得试件一端能够平移。

(6)按照以上(1)～(4)四个步骤再设置一个 General-Ground To MSBR 选项，不过坐标系设置在试件另一端的过渡部分。

(7)将 Definition 小窗口下的 Rotations 从 Fix All 改为 Free Y，设置完成第二个关节连接类型，使得试件另一端能够转动(这里两个坐标系不同，平移的 Z 轴与转动的 Y 轴一致。)设置完成的连接类型如图 22.14～图 22.17 所示。

8. 设置加载方式

(1)单击 Mechanical［ANSYS Multiphysics］界面左侧的 Transient(A5)，在上方新出现的 Environment 工具栏中选择 Loads 选项，在 Loads 的下拉菜单中选择 Joint Load 方式。

(2)选择 Transient(A5)下第一个 Joint-Load，弹出 Details of Joint-Load 窗口，单击 Scope 中 Joint 的右侧，选择第一个 General-Ground To MSBR。

(3)单击 Definition 中 Type 选项的右侧，选择 Displacement 类型；单击 Magnitude 选项右

Details of "General - Ground To　MSBR"	
Definition	
Connection Type	Body-Ground
Type	General
Suppressed	No
Translation X	Fixed
Translation Y	Fixed
Translation Z	Free
Rotations	Fix All

图 22.14　平移一端的自由度

Details of "General - Ground To　MSBR"	
Definition	
Connection Type	Body-Ground
Type	General
Suppressed	No
Translation X	Fixed
Translation Y	Fixed
Translation Z	Fixed
Rotations	Free Y

图 22.15　转动一端的自由度

图 22.16　平移的坐标系以及作用面的选择

图 22.17　转动的坐标系以及作用面的选择

侧空格，选择其中的 Function，输入公式"0.1＊time/60"（这是铸铁 1 的轴向拉伸速率，其他的试件，直接将 0.1 改成 0.15、0.2、0.25）。

（4）重复上述（1）和（2）两个步骤的操作，不过选择第二个 General-Ground To MSBR。

（5）单击 Definition 中 Type 选项的右侧，选择 Rotation 类型；单击 Magnitude 选项右侧空格，选择其中的 Function，输入公式"–0.3＊time/60"（这是铸铁 1 的扭转速率，其他的试件，直接将 0.3 改成 0.45、0.6、0.75）。最后设置完成的位移与角度关于时间的公式以及试件加载方式示意图如图 22.18～图 22.20 所示。从图中可以看出，铸铁拉伸的方向以及扭转的方向与实际实验一致。

9. 设置时间

选中 Analysis Settings，选中 Step Controls 下 Step End Time 右侧的单元格，设置时间为900s。单击 Define 的右侧，选择 Substeps 方式。

10. 计算以及结果后处理

（1）选中 Transient（A5），单击鼠标右键，选择 Solve。

（2）单击 Solution（A6）选项，单击 Solution 中第三个选项 Stress（应力），在 Stress 下拉菜单中选择 Normal、Shear 和 Equivalent（von-Mises）三个分析选项，在左侧出现 Normal Stress、

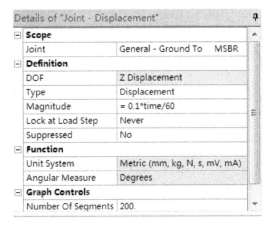

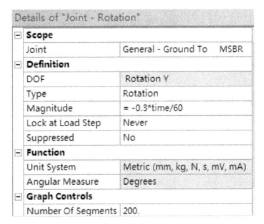

图 22.18　轴向拉伸的位移与时间公式　　　　　图 22.19　扭转的角度与时间公式

图 22.20　铸铁试件加载方式的示意图

Shear Stress 和 Equivalent Stress。

（3）单击 Solution 中第一个选项 Deformation（变形），选择下面的第一个 Total 选项，左侧会出现 Total Deformation。

（4）右击 Solution（A6），选择 Equivalent All Results 命令，计算结果。

（5）依次选择 Normal Stress、Shear Stress、Total Deformation、Equivalent Stress 和 Total Deformation 选项，得到正应力、切应力、等效应力以及总变形分析云图，如图 22.21～图 22.24 所示。左侧的 Outline 最终选项如图 22.25 所示。

图 22.21　正应力分析云图

图 22.22　切应力分析云图

图 22.23　等效应力分析云图

图 22.24　总变形分析云图

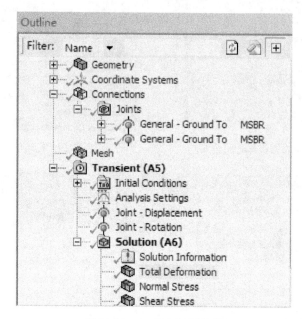

图 22.25　Outline 最终选项

11. 保存数据

单击 Mechanical 界面的退出按钮，在 Workbench 主界面单击 Save 按钮，保存文件。

根据上述步骤，模拟完成铸铁 1 拉伸扭转的过程，根据得到的总变形分析云图来看，拉伸一端的变形明显要大于扭转一端的变形；从等效应力分析云图来看，虽然两端的变形不同，但是等效应力云图是呈对称分布的；虽然一端拉伸，另一端扭转，但是最后夹持部分以及试件中间段在三个应力云图中应力都是均匀分布，试件过渡部分的应力分布不均匀，这部分应力的最大值是中间部分应力的三倍以上。因此，实际进行拉伸扭转实验时，试件的选择非常重要，如果过渡部分处理不好，断裂容易出现在过渡部分，由于拉伸一端的变形严重，一般的实验结果都会偏向于拉伸一端。这与本次实验实际测得的情况一致。

22.3　模拟值与实验值对比

利用 ANSYS Workbench 软件模拟铸铁在不同加载速率下进行拉伸扭转实验，根据 22.2 节的步骤，将位移与角度随时间变化的公式改变一下就能够得到剩下实验的模拟结果，然后将计算得到的数据与实验得到的数据进行对比，见表 22.2。实验的最大正应力与断裂点正应力一致，这里就不重复记录。

表 22.2　不同加载速率下铸铁拉伸扭转的模拟结果

实验数据	铸铁 1	铸铁 2	铸铁 3	铸铁 4
实验最大正应力/MPa	95.49	109.47	111.02	97.05
实验最大切应力/MPa	28.81	42.51	46.22	39.98
断裂点切应力/MPa	26.57	38.56	37.09	35.88
模拟的正应力/MPa	129.51	122.13	132.30	114.49
模拟的切应力/MPa	22.53	33.80	33.41	28.91

　　将 ANSYS Workbench 软件模拟得到的铸铁在不同加载速率下拉伸扭转的数据与实际实验测得的数据对比，发现模拟的正应力相比实际实验最大的正应力要大，这应该是因为模拟时间比实际时间略长。模拟得到的切应力远小于实验最大切应力，但是非常接近断裂点的切应力，由第 17 章实验十四的分析可以知道，切应力在实验后半段下降，因此模拟得到的切应力最后应该会略小，但是由于切应力的变化较慢，因此两者的数据非常接近。根据分析计算得到的结果回放整个实验过程中铸铁的变形，与实际实验铸铁变形的过程非常相似。

第 23 章　圆形及矩形截面杆件扭转变形的数值模拟

23.1　用 ANSYS 模拟圆轴扭转的分析步骤

1. 改变工作名

拾取菜单 Utility Menu＞File＞Chang Jobname。弹出如图 23.1 所示的对话框，在［/FILNAM］文本框中输入"yuanzhouniuzhuan"，单击 OK 按钮。

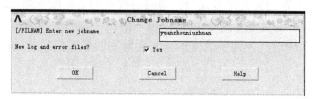

图 23.1　改变工作名对话框

2. 创建单元类型

在建立有限元模型或对实体模型进行网格划分前，必须定义相应的单元类型，而单元实常数的确定也依赖于单元类型的特性。

拾取菜单 Main Menu＞Preprocessor＞Element Type＞Add/Edit/Delete。弹出如图 23.2 所示的对话框，单击 Add 按钮；弹出如图 23.3 所示的对话框，在左侧列表中选择 Structural Solid，在右侧列表中选择 Quad 4node42，单击 Apply 按钮；再在右侧列表中选择 Brick 8node 45，单击 OK 按钮；单击如图 23.2 所示的对话框中的 Close 按钮。

图 23.2　单元类型对话框

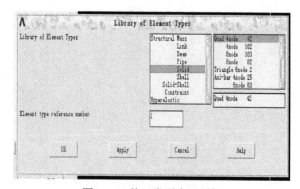

图 23.3　单元类型库对话框

3. 定义材料特性

材料模型和材料特性参数是表征实际问题所涉及的材料具体特性，因此材料模型的正确选择和材料参数的精确输入是实际工程问题得到正确解答的关键。

拾取菜单 Main Main＞Preprocessor＞Material Props＞Material Models。弹出如图 23.4 所示的对话框，在右侧列表中依次双击 Structural、Linear、Elastic、Isotropic，弹出如图 23.5 所示的对话框，在 EX 文本框中输入"2e11"（弹性模量），在［PRXY］文本框中输入"0.3"（泊松比），单击 OK 按钮。然后关闭图 23.4 所示的对话框。

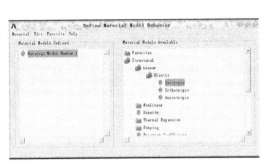

图 23.4　材料模型对话框

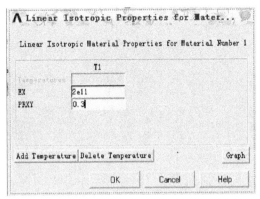

图 23.5　材料特性对话框

4. 创建矩形面

ANSYS 程序提供了 4 种建立有限元模型的方法：直接建模、实体建模、输入在计算机辅助设计系统（CAD）中创建的实体模型以及输入在计算机辅助设计系统（CAD）中创建的有限元模型。

拾取菜单 Main Menu＞Solution＞Define Loads＞Apply＞Structural＞Displacement＞On Nodes。弹出如图 23.6 所示对话框，在 X1,X2 文本框中输入"0, 0.025"，在 Y1, Y2 文本框中输入"0, 0.12"，单击 OK 按钮。

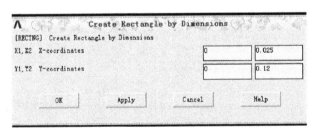

图 23.6　创建矩形面对话框

5. 划分单元

拾取菜单 Main Menu＞Preprocessor＞Meshing＞MeshTool。弹出如图 23.7 所示的对话框。单击 Size Controls 区域中 Lines 后面的 Set 按钮，弹出拾取窗口，拾取矩形面的任一短边，单击 OK 按钮，弹出如图 23.8 所示的对话框，在 NDIV 文本框中输入"4"，单击 Apply 按钮，再次弹出如图 23.8 所示的对话框，在 NDIV 文本框中输入"8"，单击 OK 按钮。在 Mesh 区域，选择单元形状为 Quad（四边形），选择划分单元的方法为 Mapped（映射）。单击 Mesh 按钮，弹出拾取窗口，拾取面，单击 OK 按钮。单击如图 23.7 所示的对话框中的 Close 按钮。

6. 设定挤出项

拾取菜单 Main Main＞Preprocessor＞Meshing＞Operate＞Extrude＞Elem Ext Opts。弹出如图 23.9 所示的对话框，在 VAL1 文本框中输入 3（挤出段数），选定 ACLEAR 为 Yes（清除矩形面上单元），单击 OK 按钮。

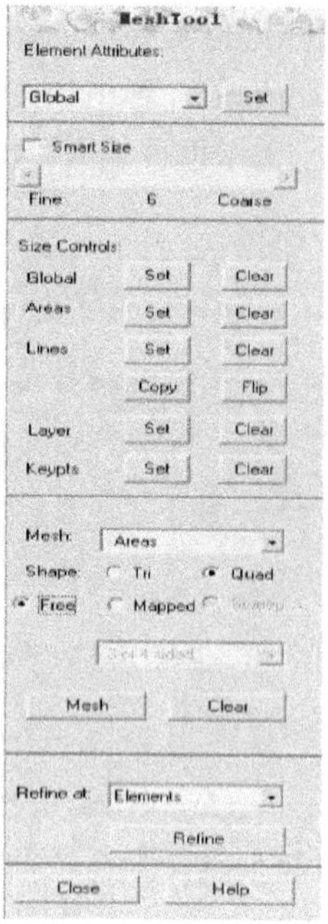

图 23.7　划分单元工具对话框

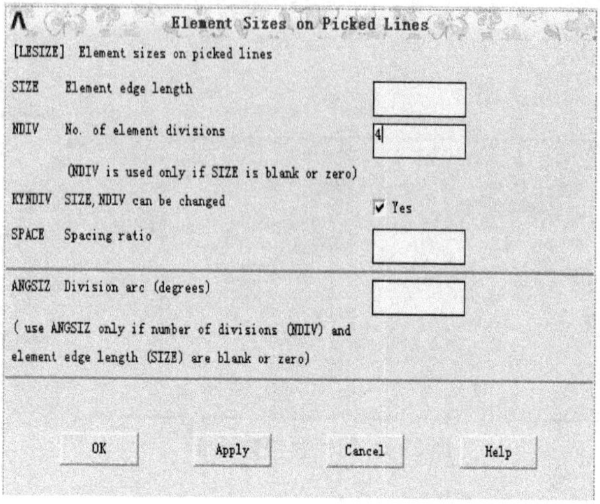

图 23.8　单元尺寸对话框

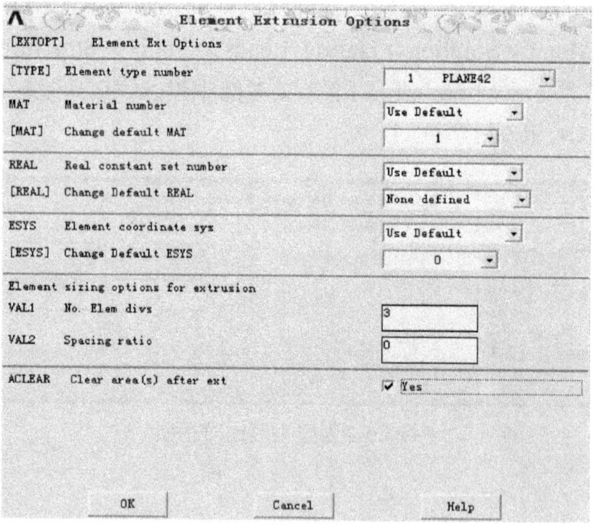

图 23.9　单元挤出选项对话框

7. 由面旋转挤出体

拾取菜单 Main Main＞Preprocessor＞Modeling＞Operate＞Extrude＞Areas＞About Axis。弹出拾取窗口，拾取矩形面，单击 OK 按钮；再次弹出拾取窗口，拾取矩形面在 Y 轴上的两个关键点，单击 OK 按钮；在随后弹出的如图 23.10 所示的对话框中的 ARC 文本框中输入"360"，单击 OK 按钮。

8. 显示单元

拾取 Utility Menu＞Plot＞Elements，如图 23.11 所示。

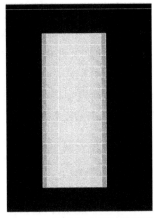

图 23.10　由面旋转挤出体对话框　　　　　　图 23.11　显示单元的圆轴模型

9. 改变视点

拾取菜单 Utility Menu＞PlotCtrls＞Pan Zoom Rotate。在弹出对话框中，依次单击 Iso 和 Fit 按钮。

10. 旋转工作平面

拾取菜单 Utility Menu＞WorkPlane＞Offest WP by Increment。弹出的对话框中，在 XY, YZ, ZX Angles 文本框中输入"0, 90"，单击 OK 按钮。

11. 创建局部坐标系

拾取菜单 Utility Menu＞WorkPlane＞Local Coordinate System＞Creat Local CS＞At WP Origin。弹出图 23.12 所示的对话框，在 KCN 文本框中输入"11"，选择 KCS 为 Cylindrical 1, 单击 OK 按钮。即创建一个代号为 11，类型为圆柱坐标系的局部坐标系，并激活其成为当前坐标系。

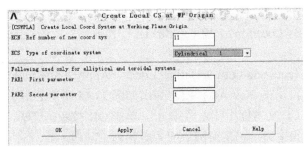

图 23.12　创建局部坐标系对话框

12. 选中圆柱面上的所有节点

拾取菜单 Utility Menu＞Select＞Entity。弹出如图 23.13 所示的对话框，在各下拉列表、文本框、单选按钮中依次选择或输入"Nodes"、"By Location"、"X coordinates"、"0.025"、"From Full"，单击 Apply 按钮。

13. 旋转节点坐标系到当前坐标系

拾取菜单 Main Menu＞Preprocessor＞Modeling＞Move/Modify＞Rotate Node CS＞To Active CS。弹出拾取窗口，单击 Pick All 按钮。

14. 施加约束

ANSYS 程序用求解模块对所建立的有限元模型进行力学分析和有限元求解，在该模型块中，用户可以定义分析类型和分析选项，施加载荷及载荷步选项。

拾取菜单 Main Menu＞Solution＞Define Loads＞Apply＞Structural＞Displacement＞On Nodes。弹出拾取窗口，单击 Pick All 按钮。弹出如图 23.14 所示的对话框，在 Lab2 列表框中选择 UX，单击 OK 按钮。

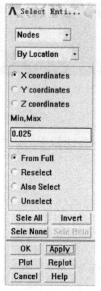 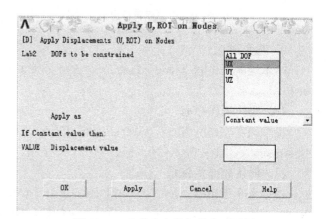

图 23.13　选择实体对话框　　　　　　　图 23.14　在节点上施加约束对话框

15. 选中圆柱面最上端的所有节点

激活如图 23.14 所示的选择实体对话框，在各下拉列表框、文本框、单选按钮中依次选择或输入 "Nodes"、"By Location"、"Z coordinates"、"-0.12"、"Reselect"，单击 Apply 按钮。

16. 施加载荷

拾取菜单 Main Menu＞Solution＞Define Loads＞Apply＞Structural＞Force/Moment＞On Nodes。弹出拾取窗口，单击 Pick All 按钮。弹出如图 23.15 所示的对话框，在 Lab 下拉列表框中选择 FY，在 VALUE 文本框中输入 "5000"，单击 OK 按钮。这样，在结构上一共施加了12 个大小为 5000N 的集中力，它们对圆心的力矩和为 1500N·m。

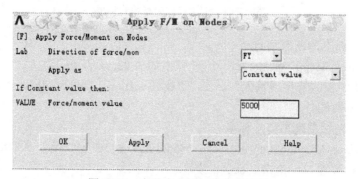

图 23.15　在节点上施加载荷对话框

17. 选择所有

拾取菜单 Utility Menu＞Select＞Everything。

18. 显示体

拾取菜单 Utility Menu＞Plot＞Volumes。

19. 施加约束

拾取菜单 Main Menu＞Solution＞Define Loads＞Apply＞Structural＞Displacement＞On Areas。弹出拾取窗口，拾取圆柱体下侧底面（由 4 部分组成），单击 OK 按钮。弹出与图 23.15 相似的对话框，在 Lab2 列表框中选择 All DOF，单击 OK 按钮。

20. 求解

拾取菜单 Main Menu＞Solution＞Solve＞Current LS。单击 Solve Current LoadStep 对话框中的 OK 按钮，再单击随后弹出的对话框中的 Yes 按钮。出现 Solution is done! 提示时，求解结束，即可查看结果。

21. 显示变形

当 ANSYS 完成计算之后，可以通过后处理模块观察结果。ANSYS 程序的后处理包括两部分：通用后处理模块（POST1）和时间历程后处理模块（POST26）。通过程序的菜单操作，可以很方便地获得求解结果。

通用后处理模块（POST1）可以用于查看整个模型或选定的部分模型在一子步或时间的求解结果。运用该模块可以获得各种应力场，应变场及温度场等的等值线图形显示，变形形状显示以及检查和解释分析的结果列表。POST1 也提供了很多其他功能，如误差估计、载荷工况组合、结果数据的计算和路径操作等。通过单击菜单中的 General Postproc 可以直接进入通用后处理模块。可以通过下面的操作观察圆形截面杆的扭转变形。

拾取菜单 Main Menu＞General Postproc＞Plot Results＞Deformed Shape。在弹出的对话框中，选中 Def＋undeformed（变形＋未变形的单元边界），单击 OK 按钮。结果如图 23.16 所示。

22. 改变结果坐标系为局部坐标系

拾取菜单 Main Menu＞General Postproc＞Options for Output。弹出如图 23.17 所示的对话框，在 RSYS 下拉列表框中选择 Local system，Local system reference no 文本框中输入 "11"，单击 OK 按钮。

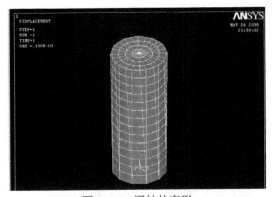

图 23.16　圆轴的变形

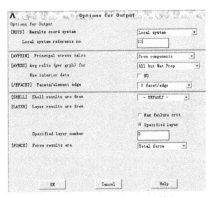

图 23.17　输出选项对话框

23. 选择 $Z = -0.09m$ 的所有节点

如图 23.13 所示的选择实体对话框中，在各下拉列表框、文本框、单选按钮中依次选择或输入 "Nodes"、"By Location"、"Z coordinates"、"-0.09"、"From Full"，然后单击 Apply

按钮；再在各下拉列表框、文本框、单选按钮中依次选择或输入"Nodes"、"By Location"、"coordinates"、"0"、"Reselect"，然后单击 Apply 按钮。

24. 列表显示节点位移

拾取菜单 Main Menu＞General Postproc＞List Results＞Nodal Solution。弹出如图 23.18 所示的对话框，在列表中选择 DOF Solution，再在展开的列表中选择 Y，单击 OK 按钮。列表结果如下：

NODE	UY
12	0.75452E-04
19	−0.16945E-14
30	0.18856E-04
37	0.37678E-04
44	0.56461E-04

MAXIMUM ABSOLUTE VALUES

NODE　　　　　　　　12
VALUE　　　　　　0.75452E-04

表明 12 号节点上有最大的切向位移 7.545×10^{-5}m，对应的扭转角 $\varphi = \dfrac{7.545 \times 10^{-5}}{0.025} = 3.018 \times 10^{-3}$(rad)，与理论结果接近。

25. 选择单元

如图 23.13 所示的选择实体对话框中，在各下拉列表框、文本框、单选按钮中依次选择或输入"Nodes"、"By Location"、"Z coordinates"、"−0.1, 0"、"From Full"，然后单击 Apply 按钮；再在各下拉列表框、单选按钮中依次选择"Elements"、"Attached to"、"Nodes all"、"Reselect"，然后单击 Apply 按钮。这样做的目的是，在下一步显示应力时，不包含集中力作用点附近的单元，可以得到更好的计算结果。

26. 查看结果，用等高线显示剪应力

拾取菜单 Main Menu＞General Postproc＞Plot Results＞Contour Plot＞Elements Solu。在"Item, Comp"两个列表中分别选择 Stress(应力)和 YZ-shear SYZ(剪应力)，结果如图 23.19 所示。可以看出，剪应力的最大值为 68.7MPa。考虑到划分的单元密度较小，误差较大，此结果与理论结果基本相符。

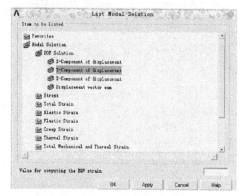

图 23.18　列表节点结果对话框

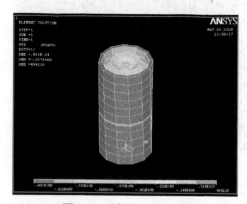

图 23.19　剪应力的计算结果

23.2　用 ANSYS 模拟矩形截面杆的翘曲

1. 改变工作名

拾取菜单 Utility Menu＞File＞Chang Jobname。弹出的对话框，在［/FILNAM］文本框中输入 juxingjiemian，单击"OK"按钮。

2. 创建单元类型

拾取菜单 Main Menu＞Preprocessor＞Element Type＞Add/Edit/Delete。弹出如图 23.2 所示的对话框，单击 Add 按钮；弹出如图 23.3 所示的对话框，在左侧列表中选择 Structural Solid，在右侧列表中选择 Quad 4node42，单击 Apply 按钮；再在右侧列表中选择 Brick 8node 45，单击 OK 按钮；单击如图 23.2 所示的对话框中的 Close 按钮。

3. 定义材料特性

拾取菜单 Main menu＞Preprocessor＞Material Props＞Material Models。弹出如图 23.4 所示的对话框，在右侧列表中依次双击 Structural、Linear、Elastic、Isotropic，弹出如图 23.5 所示的对话框，在 EX 文本框中输入 2e11(弹性模量)，在 PRXY 文本框中输入"0.3"(泊松比)，单击 OK 按钮。然后关闭图 23.4 所示的对话框。

4. 创建矩形截面杆的模型

拾取菜单 Main menu＞Preprocessor＞Modeling＞Create＞Volumes＞Block＞By Dimensions，弹出如图 23.20 所示的对话框。

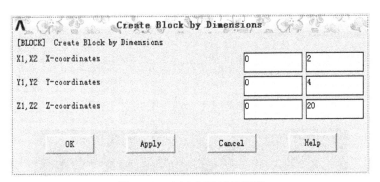

图 23.20　创建矩形杆的模型

5. 划分单元

拾取菜单 Main menu＞Preprocessor＞Meshing＞Mesh Tool。Smart Size 的等级设为 2，在 Mesh 区域，选择为 Volumes 选择划分单元方法为 Free。单击 Mesh 按钮，弹出拾取窗口，拾取体，单击 OK 按钮。得到如图 23.21 的划分网格后的矩形截面杆。

6. 施加载荷

拾取应用菜单的 Plot＞Keypoint＞Keypoint。

拾取菜单 Main Menu＞Solution＞Analysis Type＞New Analysis。出现如图 23.22 所示的对话框，选择 Static。

拾取菜单 Main Menu＞Solution＞Define Loads＞Apply＞Structural＞Force/Moment＞on keypoints。拾取关键点加载力为 5000N。得到如图 23.23 所示的加载后的矩形截面杆。

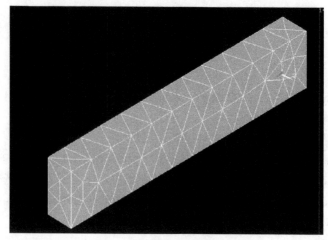

图 23.21　划分网格后的矩形截面杆

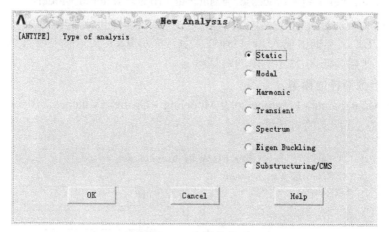

图 23.22　分析的类型

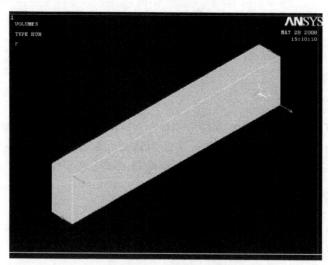

图 23.23　加载后的矩形截面杆

7. 求解

拾取菜单 Main Menu＞Solution＞Solve＞Current LS。单击 Solve CurrentLoad Step 对话框中的 OK 按钮，再单击随后弹出的对话框中的 Yes 按钮。出现 Solution is done！提示时，求解结束，即可查看结果。

8. 显示变形

拾取菜单 Main Menu＞General Postproc＞Plot Results＞Deformed Shape。在弹出的对话框中，选中 Def＋undeformed（变形＋未变形的单元边界），单击 OK 按钮。结果如图 23.24 所示。发现变形后的杆件的横截面已不再保持为平面，发生了翘曲。

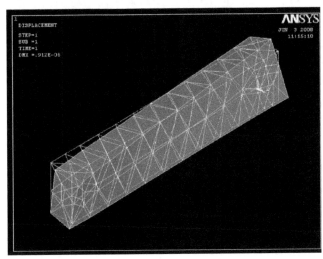

图 23.24　矩形截面杆的变形

9. 查看结果，用等高线显示剪应力

拾取菜单 Main Menu＞General Postproc＞Plot Result＞Contour Plot＞Elements Solu。在 Item 和 Comp 两个列表中分别选择 Stress（应力）和 YZ-shear SYZ（剪应力），结果如图 23.25 所示。可以看出，剪应力的最大值为 5645MPa。

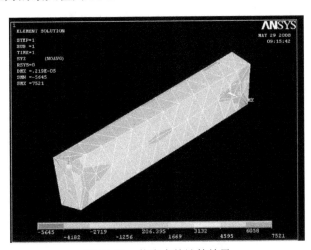

图 23.25　剪应力的计算结果

参 考 文 献

博弈创作室, 2009. ANSYS 7.0 基础教程与实例详解[M]. 北京: 中国水利水电出版社.

陈精一, 蔡国忠, 2001. 电脑辅助工程分析 ANASYS 使用指南[M]. 北京: 中国铁道出版社.

邓宗白, 陶阳, 金江, 2014. 材料力学实验与训练 [M]. 北京: 高等教育出版社.

丁欣硕, 凌桂龙, 2014. ANSYS Workbench 14.5 有限元分析案例详解[M]. 北京: 清华大学出版社.

范钦珊, 王杏根, 陈巨兵, 等, 2011. 工程力学实验. 北京: 高等教育出版社.

高耀东, 2010. ANSYS 机械工程应用精华 30 例[M]. 2 版. 北京: 电子工业出版社.

金保森, 卢智先, 2013. 材料力学实验[M]. 北京: 机械工业出版社.

刘鸿文, 吕荣坤, 2015. 材料力学实验[M]. 3 版. 北京: 高等教育出版社.

马骏, 许羿, 2013. 材料力学实验[M]. 重庆: 重庆大学出版社.

王富耻, 张朝晖, 2006. ANSYS 有限元分析理论与工程应用[M]. 北京: 电子工业出版社.

王庆五, 左昉, 胡仁喜, 2006. ANSYS 10.0 机械设计高级应用实例[M]. 北京: 机械工业出版社.

王杏根, 胡鹏, 李誉, 2008. 工程力学实验: 理论力学与材料力学[M]. 武汉: 华中科技大学出版社.

王育平, 边力滕, 桂荣, 2004. 材料力学实验 [M]. 北京: 北京航空航天大学出版社.

张小凡, 谢大吉, 陈正新, 1994. 材料力学实验[M]. 北京: 清华大学出版社.